有机功能材料与应用研究

段群鹏 / 著

南方传媒 | 广东人民出版社

·广州·

图书在版编目（CIP）数据

有机功能材料与应用研究／段群鹏著 . -- 广州 ：
广东人民出版社，2024.7. -- ISBN 978-7-218-17820-2

Ⅰ.TB322

中国国家版本馆 CIP 数据核字第 202429XT24 号

YOUJI GONGNENG CAILIAO YU YINGYONG YANJIU

有机功能材料与应用研究

段群鹏　著

出 版 人：肖风华

责任编辑：马妮璐
责任技编：吴彦斌
装帧设计：沈加坤

出版发行：广东人民出版社
地　　址：广东省广州市越秀区大沙头四马路 10 号（邮政编码：510199）
电　　话：（020）85716809（总编室）
传　　真：（020）83289585
网　　址：http://www.gdpph.com
印　　刷：北京亚吉飞数码科技有限公司
开　　本：710mm×1000mm　1/16
印　　张：15.5　字　　数：246 千
版　　次：2024 年 7 月第 1 版
印　　次：2024 年 7 月第 1 次印刷
定　　价：92.00 元

如发现印装质量问题，影响阅读，请与出版社（020-85716849）联系调换。
售书热线：（020）87716172

前　言

　　材料是人类赖以生存和发展的物质基础，与国民经济建设、国防建设和人民生活密切相关。作为科技进步的核心，材料还反映着一个国家的科学技术和工业水平。可以说，没有先进的材料，就没有先进的工业、农业和科学技术。材料的制造与使用经历了由简单到复杂、由以经验为主到以科学认识为基础的发展过程。材料的发展导致时代的变迁，推动人类的物质文明和社会进步。

　　近年来，在研究结构材料取得重大进展的同时，人们特别注重对有机功能材料的研究。传统上，有机化合物被认为是优良的绝缘体，并在技术上广泛用作绝缘材料。20世纪60年代初期，人们发现一些有机晶体具有半导体特性，从此开辟了一个新的研究领域，即有机材料作为物理功能（光、电、磁）材料的研究。广义上讲，有机功能材料是指具有光、电、磁物理性能的有机和聚合物材料，以及由这些材料所组成的信息和能量转换器件的有机固体材料的统称。尽管目前对有机功能材料电子行为的认识还很有限，但有机功能材料领域的科学意义和应用前景已相当明确。首先，具有光、电、磁物理功能的有机材料的出现打破了有机化合物与"导电""铁磁"等无缘的传统概念。因而，它的出现必将促进新思想、新概念、新材料的发展；其次，有机功能材料的电子状态、导电机理以及杂质的影响完全有别于无机金属和半导体。有机功能材料不仅具有上述科学意义，而且在能源，信息存储、传递，光通信，隐身以及仿生等方面呈现诱人的应用前景。目前，国际上有机功能材料的研究十分活跃，进展很快。美、日、欧等国家纷纷将其列入高技术领域的新型材料发展规划中，并在这一领域内投入了大量的人力、财力，展开了激烈的竞争。

本书聚焦于有机功能材料及其应用，从有机功能材料的基本理论出发，全面系统地介绍了不同种类有机功能材料的性质、制备及应用。全书共7章，主要内容包括绪论、有机电致发光材料、有机光伏材料、有机场效应材料、有机光致变色材料、有机电致变色材料、有机多孔材料。本书深入研究这些材料的合成方法与性能，探索其在能源、环境、医药、分离、传感和催化等领域的应用潜力。

在撰写的过程中，本书不仅参阅了大量相关的书籍和期刊，而且为了保证论述的全面性与合理性，也引用了许多专家、学者的观点。在此，谨向以上相关作者表示最诚挚的谢意。由于作者水平有限，加之时间匆促，书中如有疏漏实所难免，恳请专家、学者和读者不吝指正。

河南工程学院　段群鹏

2024年2月

目　录

第1章　绪论

材料是支撑人类生存和发展的重要物质基础，其发展历程标志着人类社会的进步。除了重要性和普遍性外，材料还具有多样性，这导致了其分类方式的多样化。为了满足生存和发展的需求，人类一方面从自然界中获取并加工天然材料，使其适应生产和生活的需要；另一方面则不断研发新型材料，如合金、玻璃、合成高分子材料等。没有半导体材料的发现和发展，微电子工业就不可能取得今天的成就；同样，低损耗光导纤维的出现使得光纤通信在全球范围内蓬勃发展。此外，随着人工智能、物联网、5G通信等技术的快速发展，对新型功能材料的需求也在不断增加。例如，结构材料主要用于制造各种零部件和结构件，如航空航天器、汽车、船舶等。新型结构材料具有高强度、轻量化、耐高温、耐腐蚀等特性，能够显著提高产品的性能和安全性。例如，碳纤维复合材料、钛合金等新型结构材料在航空航天领域的应用已经越来越广泛。

1.1　有机功能材料的定义与分类

1.1.1　有机功能材料的定义

有机功能材料，是指那些具有特殊光、电、磁性质的有机光电材料，广泛应用于显示、发光等领域。它们与无机材料有所不同，主要依靠范德华力、静电作用等弱相互作用力结合，这使得它们在固态和溶液状态下具有独特的性质。从结构角度来看，有机功能材料分子通常拥有 π 电子体系和稠环或联环的芳香体系，这使得它们在紫外、可见和近红外区域具有明显的吸收或发射。更重要的是，这些分子可以方便地通过化学修饰来调整其性质，从而在结构和功能上展现出多样性和丰富性。在生产加工方面，有机功能材料轻便、成本低，且可以实现柔性及大规模加工。它们主要应用于有机场效应晶体管（OFET）、有机光伏（OPV）电池和有机发光二极管（OLED）等领域。

相较于无机功能化合物，有机功能材料具有以下优势。

（1）可以利用溶液加工法或微纳加工技术制备大面积薄膜器件或微纳晶器件，工艺简单，加工温度低。

（2）分子结构多样，可方便调控性质以满足不同光电子器件需求。

（3）成本低廉且可大量制备。

（4）在柔性聚合物基板上加工可制备柔性器件。

1.1.2　有机功能材料的分类

有机功能材料是一类具有光、电、磁、声和热等响应性和功能性的材料。其分子结构中通常含有共轭键和发色基团，可在光、电、热等外部刺激下发生物理或化学变化，从而具有功能性。有机功能材料可以分为信息记录材料、显示材料、能量转化材料、化学功能性高分子材料、电磁功能高分子、光功能高分子材料、生物医用高分子材料、高分子智能材料等。此外，有机功能材料还可以根据其他标准进行分类，例如根据其应用领域、物理性质或化学性质等进行分类。

1.1.2.1 根据功能材料的应用领域分类

（1）信息记录材料。信息记录材料是一类重要的有机功能材料，它们能够响应外部刺激并产生可检测的信号，从而实现对信息的高效记录和存储。

①光致变色高分子：是一种在受到特定波长的光照射时，会发生颜色变化的有机功能材料。这种变化是可逆的，通过改变光的照射条件，可以控制高分子材料的颜色变化。由于其响应速度快、稳定性好等特点，光致变色高分子在信息存储、光控器件等领域具有广泛的应用前景。

②热致变色高分子：是指随着温度的改变，会发生颜色变化的有机功能材料。这类材料通常由可逆的热致变色染料与高分子基质结合而成。由于其对温度的敏感性，热致变色高分子可用于温度传感器、信息存储和显示等领域。

③高分子电存储材料：是指能够通过电场或电流的作用进行信息存储的材料。这类材料具有非易失性、可重复写入、高存储密度等优点，在非易失性存储器、电化学生物传感器等领域具有广泛应用。

④高分子光存储材料：光存储技术是一种利用光子进行信息存储的技术，具有高密度、快速读写等优点。高分子光存储材料作为光存储介质的重要组成成分，具有较高的折射率和稳定性，能够实现高效的光信息存储和读取。

除了以上几种类型的信息记录材料外，还有高分子磁性材料、生物医用高分子材料等其他类型的有机功能材料，它们在信息记录和存储方面也具有各自独特的优势和应用前景。

（2）显示材料。显示材料是另一类重要的有机功能材料，它们能够将信息可视化，为用户提供直观的显示效果。

①电致发光高分子材料：是一种能够在电场作用下发光的高分子材料。这类材料具有高效发光、长寿命、低能耗等优点，被广泛应用于有机发光二极管（Organic Light-Emitting Diode，OLED）的制造。OLED是一种自发光显示技术，能够实现高对比度、宽色域、柔性显示等优点，被广泛应用于电视、显示器、照明等领域。

②高分子液晶材料：是一种成熟的显示技术，广泛应用于电视、计算机显示器等领域。高分子液晶材料作为液晶显示技术的关键组成部分，具有稳定性好、易于加工等特点。通过改变高分子液晶材料的配方和制备工艺，可以调节其相变温度、光学性质等，从而实现不同的显示效果。

除了上述两种类型外，还有高分子电致变色材料、高分子热致变色材料等其他类型的显示材料。这些材料在智能窗户、可穿戴设备等领域具有广泛的应用前景。

（3）能量转化材料。有机功能材料在能量转化领域也具有广泛的应用，其中有机太阳能电池高分子材料是一类备受关注的研究方向。

有机太阳能电池是一种利用有机材料实现光电转换的太阳能电池。相比传统的硅基太阳能电池，有机太阳能电池具有轻质、柔性、可调谐带隙等优点，因此在便携式设备、可穿戴设备、建筑一体化等领域具有广泛的应用前景。

有机太阳能电池高分子材料是实现光电转换的核心组件。这些材料通常具有共轭结构，能够吸收太阳光并产生激子，然后通过激子的分离和传输产生电流。为了提高光电转换效率和稳定性，研究者们不断探索新型的高分子材料，如聚合物、小分子等，并对其结构进行精细调控。

目前，有机太阳能电池高分子材料的研究已经取得了一定的进展，光电转换效率不断提高，同时也在降低成本方面取得了一定的成果。

除了有机太阳能电池高分子材料外，还有燃料电池高分子材料、光催化高分子材料等其他类型的能量转化材料。这些材料在可再生能源领域具有广泛的应用前景，为实现可持续发展提供了重要的技术支持。

（4）化学功能性高分子材料。化学功能性高分子材料是指在化学性质上具有特定功能的高分子材料。这类材料在化学工业、生物工程、环境保护等领域中有着广泛的应用。

高分子交换树脂：是一种能够进行离子交换的高分子材料。这类树脂通常由一种或多种高分子链组成，上面带有可进行离子交换的活性基团。通过离子交换作用，高分子交换树脂可以去除水中的离子、重金属等有害物质，也可以用于分离和纯化生物分子。

高分子催化剂：是一种将催化剂与高分子载体结合在一起的催化剂。这种催化剂具有活性高、选择性好的优点，同时可以重复使用，降低了生产成本。高分子催化剂在化工、制药等领域中有着广泛的应用，可以用于合成有机化合物、聚合反应等。

高分子吸水剂：是一种能够吸收水分并保持自身性质不变的高分子材料。这类材料通常具有亲水性基团，能够与水分子形成氢键，从而实现吸水作用。高分子吸水剂在农业、化妆品、卫生用品等领域中有着广泛的应用，可以用于土壤保湿、化妆品保湿等。

除了上述几种常见的化学功能性高分子材料外，还有高分子螯合剂、高分子离子液体等其他类型的化学功能性高分子材料。这些材料在化学反应、分离提纯、环境保护等领域中具有广泛的应用前景，为现代工业的发展提供了重要的技术支持。

（5）电磁功能高分子。电磁功能高分子是指具有电磁响应特性的一类有机功能材料。这些材料在电磁场的作用下能够表现出特定的性质，如导电性、磁性、吸波性等，因此在电子器件、通讯技术、传感器等领域具有广泛的应用。

导电高分子材料：是指具有一定导电性能的高分子材料。这类材料通常具有共轭结构，能够形成自由移动的载流子，从而实现导电作用。导电高分子材料在电子器件、柔性电路、太阳能电池等领域具有广泛的应用。

高分子吸波材料：是指能够吸收、散射或干涉电磁波的高分子材料。这类材料通常具有特殊的结构和介电性质，能够将电磁波转化为热能或其他形式的能量，从而起到减缓电磁干扰、保护电子设备的作用。高分子吸波材料在通讯技术、雷达隐身、电磁防护等领域具有广泛的应用。

高分子磁性材料：是指具有磁学性质的高分子材料。这类材料通常由磁性微粒与高分子基质结合而成，能够在外部磁场的作用下表现出磁性。高分子磁性材料在信息存储、磁性器件、传感器等领域具有广泛的应用。

除了上述几种常见的电磁功能高分子材料外，还有高分子电致发光材料、高分子液晶显示材料等其他类型的电磁功能高分子材料。这些材料在光电转换、显示技术等领域中具有广泛的应用前景，为现代通讯和信息技术的发展提供了重要的技术支持。

（6）光功能高分子材料。光功能高分子材料是指具有光响应或光转换功能的高分子材料。这类材料能够在外界光的作用下发生光化学反应、光物理变化或产生光电器件效应，从而实现特定的功能。

光降解高分子材料：是指能够在紫外光或可见光的照射下发生降解的高分子材料。这类材料通常用于塑料、纤维等制品的环保处理，通过光降解作用将高分子材料分解为低分子量的化合物，从而减少对环境的污染。

光波导高分子材料：是指具有光波导效应的高分子材料。这类材料能够使光波在其中传播，从而实现光的传输和控制。光波导高分子材料在光纤通信、光学器件、光计算等领域中有着广泛的应用，能够实现高速、大容量的信息传输和处理。

除了上述两种类型外，还有光致变色高分子材料、光学存储高分子材料等其他类型的光功能高分子材料。这些材料在光电转换、信息存储、传感技术等领域中具有广泛的应用前景，为实现光子技术与高分子材料的结合提供了重要的技术支持。

（7）生物医用高分子材料。生物医用高分子材料是一类具有特殊生物医学功能的高分子材料，用于医疗器械、药物传递、组织工程等领域。

高分子药物：是指将药物分子通过化学键合或物理包裹的方式与高分子载体结合在一起形成的药物。这类药物具有稳定性好、药效时间长、副作用小等优点。高分子药物在癌症治疗、心血管疾病治疗等领域中有着广泛的应用，可以用于靶向药物输送、长效药物释放等。

高分子酶：是指将酶分子固定在高分子载体上而形成的人工酶。这类酶具有稳定性好、可重复使用、易于分离纯化等优点。高分子酶在生物催化、污染物降解、生物传感器等领域中有着广泛的应用，可以用于加速化学反应、提高产物的选择性等。

组织工程材料：是指用于组织修复和再生的高分子材料。这类材料需要具有良好的生物相容性、可降解性以及适当的机械性能，能够模拟天然组织的结构和功能。组织工程材料在整形外科、牙科、眼科等领域中有着广泛的应用，可以用于制造人工关节、牙齿填充物等。

医用敷料和绷带：是用于伤口护理的高分子材料，要求具有良好的吸水性、透气性以及抗菌性能。这类材料能够保持伤口清洁、减少感染风险，促进伤口愈合。医用敷料和绷带在医疗保健领域中有着广泛的应用，可以用于手术伤口、烧伤、溃疡等治疗。

除了上述几种常见的生物医用高分子材料外，还有高分子纳米药物、高分子抗菌剂等其他类型的生物医用高分子材料。这些材料在医疗保健领域中具有广泛的应用前景，为提高医疗效果和改善患者生活质量提供了重要的技术支持。

（8）高分子智能材料。高分子智能材料，也被称为机敏材料，是一种能够通过有机和合成的方法使无生命的有机材料"感知"和"感觉"外界环境变化的新型材料。这种材料在实际生活中已经有了应用，并且正在成为各国科技工作者的崭新研究课题。

高分子智能材料可以根据外部环境的变化自动调整自身的形态和性能，例如，当材料受到温度变化刺激时，它可以产生相应的反应。这种材料具有许多独特的特性和应用潜力，能够根据外部环境的变化自动调整形态和性能，或产生特殊的功能。

此外，高分子智能材料还可以分为以下几类。

化学功能高分子材料：包括离子交换树脂、螯合树脂、感光性树脂、氧化还原树脂、高分子试剂、高分子催化剂、高分子增感剂、分解性高分子等。

物理功能高分子材料：包括导电性高分子（如电子型导电高分子、高分子固态离子导体、高分子半导体）、高介电性高分子（如高分子驻极体、高分子压电体）、光电导体、光生伏打材料、显示材料、光致变色材料等。

复合功能高分子材料：包括高分子吸附剂、高分子絮凝剂、表面活性剂、染料、稳定剂、功能膜和功能电极等。

生物和医用功能高分子材料：在医疗保健领域中具有广泛的应用，这些材料能够与生物体相互作用并发挥特定的功能，如抗血栓、控制药物释放和生物活性等。

1.1.2.2　根据有机电子器件中载流子种类划分

根据有机电子器件中载流子种类，有机功能材料分为p型和n型。

p型有机功能材料，也称为空穴传输材料，在有机电子器件中主要负责传输空穴。由于p型材料具有较好的稳定性，受水氧等因素的影响较小，因此在早期的研究中得到了广泛关注。通过长期的研究和开发，p型有机功能材料的载流子迁移率已经超过了$1.0cm^2/（V·s）$，为有机电子器件的性能提升和应用拓展提供了有力支持。

相比之下，n型有机功能材料，也称为电子传输材料，在有机电子器件中主要负责传输电子。然而，由于n型材料的水氧稳定性较差，对其在电子器件加工和测试过程中的保护要求较高，需要在真空或惰性气体氛围中进行。这使得n型材料的研究相对滞后，成为了有机电子器件领域亟待解决的问题之一。

为了克服n型材料的稳定性问题，研究者们正在积极探索新型的n型有机功能材料。例如，一些新型的n型有机功能材料具有良好的热稳定性和化学稳定性，能够在常温常压下稳定存在，为n型有机电子器件的实用化提供了可能。此外，还有一些研究者致力于通过材料复合或掺杂等方式来提高n型材料的性能和稳定性，以拓展其在有机电子器件中的应用范围。

随着研究的不断深入和技术的发展，有机功能材料在p型和n型方面都取得了重要的进展。

1.1.2.3　根据材料的化学键分类

根据材料的化学键分类，有机功能材料可以分为以下几类。

功能性金属材料：这类材料主要涉及金属元素，它们通常具有优良的导电、导热性能，以及在某些条件下表现出特殊的磁学性质。功能性金属材料广泛应用于电子、通信、能源、航空航天等领域。例如，铜、银等金属及其合金是常见的功能性金属材料，它们被用于制造电线、散热器、电磁屏蔽材料等。

功能性无机非金属材料：这类材料主要包括陶瓷、玻璃、水泥等，它们通常具有高硬度、高耐磨性、高耐腐蚀性等特点。功能性无机非金属材料在机械、化工、建筑等领域有广泛应用。例如，碳化硅陶瓷在高温环境下具有优良的力学性能和化学稳定性，被用于制造高温炉具、密封材料等。

功能性有机材料：这类材料主要涉及有机化合物，它们通常具有良好的柔韧性、可塑性以及光学、电学等方面的性能。功能性有机材料在塑料、橡胶、纤维等领域有广泛应用。例如，聚乙烯塑料是一种常见的功能性有机材料，它具有良好的耐腐蚀性、绝缘性，被用于制造塑料袋、电缆绝缘层等。

功能性复合材料：这类材料由两种或多种材料组成，通过复合效应产生新的性质，以满足特定需求。功能性复合材料结合了各种材料的优点，具有优异的综合性能。例如，碳纤维增强复合材料是由碳纤维和树脂等组成，具有高强度、轻质、耐腐蚀等特点，被用于制造航空器、体育器材等。

功能性金属材料、功能性无机非金属材料、功能性有机材料和功能性复合材料的性质和应用各不相同，但它们都具有独特的性能和广泛的应用前景。

1.1.2.4 根据材料物理性质分类

当根据材料的物理性质分类时，有机功能材料可以分为以下几类。

磁性材料：这类材料具有磁性，能够被磁场吸引。常见的磁性材料有铁、钴、镍及其合金。它们广泛应用于电机、变压器、传感器等领域。

电性材料：这类材料具有良好的导电或绝缘性能。导电材料如铜、银等，用于制造电线和电子元件；绝缘材料如陶瓷、橡胶等，用于制造绝缘体和绝缘层。

光学材料：这类材料具有特定的光学性质，如反射、折射、透射等。它们常用于制造眼镜、镜头、滤光片、反射镜等光学器件。

声学材料：这类材料能够吸收、反射或传导声波。常见于隔音材料、音响设备等。

力学材料：这类材料具有优异的力学性能，如强度、硬度、耐磨性等。它们常用于制造结构件、工具、耐磨件等。

化学功能材料：这类材料具有特定的化学反应活性或选择性吸附性能。例如，催化剂、离子交换剂、吸附剂等。

热学材料：这类材料具有优异的热导率或热稳定性。它们常用于散热器、隔热材料等。

生物功能材料：这类材料具有良好的生物相容性，可用于生物医学领域，如人工器官、组织工程、药物输送等。

智能材料：这类材料能够感知外部刺激并作出响应，如形状记忆合金、自适应纤维等。

复合功能材料：这类材料结合了多种物理性质，以满足特定需求。例如，导电–绝缘复合材料、光学–力学复合材料等。

这些材料的物理性质和应用各不相同，但它们都具有独特的性能和广泛的应用前景。随着科技的不断发展，相信这些有机功能材料将会在各个领域发挥更加重要的作用。

1.2　有机功能材料的发展

有机功能材料在未来的发展中将展现出无限的可能性，这主要归功于它们所具备的一系列独特性质，如低密度、高强度、易于加工和可回收等。这些特性使得有机功能材料成为制造各类产品的理想选择，涵盖了从塑料到纤维织物，从电子产品到汽车零部件等多个领域。未来有机功能材料的发展将涉及多个领域和学科的交叉融合，需要不断创新和突破，以实现可持续的发展和广泛的应用。

（1）高性能化。高性能化是有机功能材料发展的重要方向之一，旨在通过改进制造工艺和选用高性能材料，提高有机功能材料的性能，以满足各种高要求的应用场景。随着科技的进步和社会的发展，越来越多的领域需要高性能的有机功能材料来满足其特殊需求。

为了实现高性能化，我们需要不断探索新的制备技术和方法，优化材料的结构和性能。例如，采用先进的合成策略和纯化技术，可以提高有机功能材料的纯度和结晶度，从而提高其光电性能和稳定性。同时，选用具有优异性能的材料和添加剂，如高性能聚合物、纳米填料等，也可以显著提升有机功能材料的整体性能。

此外，还需要深入研究有机功能材料的物理、化学和机械性能，理解其内在机制和影响因素。通过深入的理论研究和实验验证，我们可以更好地掌握材料的性能表现和变化规律，为高性能化提供理论支撑和实践指导。

高性能化的有机功能材料在各种高要求的应用场景中具有广泛的应用前景。例如，在能源领域中，高性能的有机太阳能电池和有机电池可以提供更高的能量转换效率和更长的使用寿命；在电子信息领域，高性能的有机半导体材料可以用于制造高效、低成本的电子器件和集成电路；在生物医学领域，高性能的生物相容性材料可以用于药物输送、组织工程和生物成像等方面。

（2）环保化。发展可降解、可循环利用的有机功能材料，减少对环境的污染和破坏，同时降低生产过程中的能耗和资源消耗。环保化是有机功能材料发展的必然趋势。随着人们对环境保护意识的提高，对可降解、可循环利用的有机功能材料的需求日益增长。这些环保型的有机功能材料不仅可以减少对环境的污染和破坏，还可以降低生产过程中的能耗和资源消耗，实现可持续发展。

为了实现环保化，我们需要采用可降解的合成方法和原料，优化生产工艺，降低能耗和资源消耗。例如，利用生物可降解的原料代替传统的石化原料，采用绿色合成方法替代传统的有机合成方法，可以有效降低生产过程中的污染和能耗。同时，加强资源的循环利用也是环保化的重要方向，通过回收和再利用有机功能材料，可以减少对原材料的需求，降低生产成本。

此外，还需要对环保型有机功能材料的性能进行深入研究，以满足各种应用场景的需求。例如，在能源领域中，开发可降解的有机太阳能电池和有机电池可以减少对环境的污染；在电子信息领域，研究可循环利用的有机半导体材料和电路板，可以降低电子废弃物的处理难度和成本。

环保化的有机功能材料在未来的发展中具有广阔的应用前景。随着环保意识的提高和可持续发展战略的推进，越来越多的领域将需要使用环保型的有机功能材料。例如，在包装领域中，可降解的塑料包装材料可以替代传统的塑料包装，减少白色污染；在建筑领域中，可循环利用的建筑材料可以降低建筑废弃物的产生和处理难度。

随着环保意识的日益增强，有机功能材料在环保产品制造上的应用也备受关注。可降解塑料制品等环保产品的出现，既满足了市场需求，又有效地保护了环境。

（3）智能化。研究具有自适应、自修复、记忆等功能的有机功能材料，开发智能化材料和系统，以满足未来智能制造、智能交通、智能医疗等领域的需求。智能化是有机功能材料发展的重要方向之一，旨在开发具有自适应、自修复、记忆等功能的有机功能材料，以满足未来智能制造、智能交通、智能医疗等领域的需求。随着人工智能和物联网技术的快速发展，智能化材料和系统的需求日益增长，它们能够感知环境变化、做出相应反应，甚至进行自我修复和调整。

为了实现智能化，我们需要深入研究有机功能材料的内在机制和性能表现，探索新的合成方法和结构设计。例如，利用智能合成技术，可以精确控制材料的微观结构和性质，赋予它们自适应、自修复等功能。同时，结合传感器技术和信息处理技术，可以实现有机功能材料的智能化感知和响应，进一步拓展其在智能制造、智能交通、智能医疗等领域的应用。

在智能制造领域，智能化有机功能材料可以用于制造具有自我调节和优化功能的生产系统。例如，通过感知生产过程中的温度、湿度、压力等参数变化，智能化材料可以自动调整其性能和状态，优化生产效率和产品质量。

在智能交通领域，智能化有机功能材料可以应用于智能车辆的感知和控制系统。例如，利用智能化材料制成的传感器可以实时感知车辆的运行状态和环境变化，通过信息处理技术实现自动驾驶和智能避障等功能，提高交通的安全性和效率。

在智能医疗领域，智能化有机功能材料可以用于实现药物的精确输送和释放。通过智能化材料的自适应响应和记忆功能，可以根据患者的生理状态和病情变化调整药物的释放量和速度，提高治疗效果和患者的生存质量。

（4）生物相容性。发展具有良好生物相容性的有机功能材料，用于生物医学工程领域，如人工器官、组织工程、药物输送等，提高医疗保健水平和生活质量。生物相容性是有机功能材料发展的重要方向之一，旨在开发具有良好生物相容性的有机功能材料，以满足生物医学工程领域的需求。随着生物医学工程的快速发展，越来越多的应用需要使用具有良好生物相容性的材料，以确保安全性和有效性。

这些材料需要与人体组织和器官具有良好的相容性，不会引起免疫排斥反应或毒性问题。通过深入研究有机功能材料的生物相容性，我们可以了解其与人体组织的相互作用机制，进一步优化材料的性能和安全性。

在生物医学工程领域中，具有良好生物相容性的有机功能材料可以应用于人工器官、组织工程、药物输送等方面。例如，在人工器官中，使用具有良好生物相容性的材料可以降低免疫排斥反应的发生率，提高器官的存活时间和移植效果。在组织工程中，这些材料可以作为支架或细胞培养基质，支持细胞的生长和分化，促进组织的再生和修复。在药物输送中，具有良好生物相容性的有机功能材料可以作为药物载体，实现药物的精确输送和释放，提高治疗效果和患者的生存质量。

（5）多功能化。通过材料复合、表面改性等方法，制备具有多重功能的有机功能材料，如导电、导热、磁性、光学等功能，以适应多样化的应用需求。多功能化是有机功能材料发展的另一重要方向。随着科技的进步和应用的多样化，单一功能的材料已经难以满足日益增长的需求。因此，通过材料复合、表面改性等方法，制备具有多重功能的有机功能材料成为了研究的热点。

多功能化的有机功能材料具有多种优异性能，能够适应多样化的应用需求。例如，同时具有导电和导热功能的材料可以在电子器件中同时起到导电和散热的作用，提高器件的稳定性和可靠性。具有磁性和光学功能的材料可用于信息存储、光电器件等领域，实现高效、快速的信息处理和传输。

为了实现多功能化，需要深入研究不同功能材料之间的相互作用和协同效应，掌握复合材料的制备技术和工艺。同时，还需要对材料的表面进行改性处理，以改善其与其他材料的相容性、提高材料的稳定性。

多功能化的有机功能材料在许多领域都具有广泛的应用前景。例如，在新能源领域，可以用于制造高效的光伏器件和太阳能电池；在电子信息领域，可以应用于集成电路、光电器件、柔性显示等领域；在生物医学领域，可以用于药物输送、组织工程和生物成像等方面。

（6）纳米化。利用纳米技术制备纳米尺度的有机功能材料，以实现更高的性能和更广泛的应用。例如，纳米级的有机太阳能电池可以提高光电转换效率。

纳米化是有机功能材料发展的关键方向之一，利用纳米技术制备纳米尺度的有机功能材料，可以实现更高的性能和更广泛的应用。纳米尺度的材料具有许多独特的性质，如高比表面积、优异的物理和化学性能等，这使得它们在能源、电子信息、生物医学等领域具有广泛的应用前景。

在能源领域，纳米化的有机功能材料可以应用于太阳能电池、电池和燃料电池等领域。例如，纳米级的有机太阳能电池可以通过减小材料尺度和优化界面结构，提高光电转换效率，实现更高效的光电转化。

在电子信息领域，纳米化的有机功能材料可以应用于集成电路、电子器件和柔性显示等领域。通过纳米技术，可以制备出具有优异导电性和稳定性的有机半导体材料，用于制造高性能的电子器件和集成电路。同时，纳米级的有机材料还可以用于柔性显示技术中，提供更轻薄、可弯曲的显示器件。

在生物医学领域，纳米化的有机功能材料可以应用于药物输送、生物成像和组织工程等领域。通过将药物或基因包裹在纳米尺度的载体中，可以实现药物的精准输送和释放，提高治疗效果和减少副作用。此外，纳米级的有机材料还可以用于生物成像技术中，提高成像的分辨率和灵敏度。

（7）柔性化。柔性化是有机功能材料发展的另一重要方向。随着可穿戴设备、智能家居等领域的快速发展，对有机功能材料的柔性和延展性要求越来越高。柔性化有机功能材料具有良好的弯曲、折叠和拉伸性能，能够适应各种复杂形状和环境变化，同时保持其功能性和稳定性。

通过柔性化技术，我们可以将有机功能材料应用于可穿戴设备、智能家居等领域，实现人机交互的舒适性和便捷性。例如，柔性传感器可以集成到衣物或皮肤上，用于监测人体生理参数、运动状态等，提供实时反馈和个性化健康管理。柔性显示器则可以应用于智能家居的界面控制、装饰照明等领域，提供清晰、舒适的视觉体验。

在电子领域，有机功能材料因其优异的电学特性和加工性能，被广泛应用于制造有机发光二极管（OLED）、有机太阳能电池（OPV）和有机场效应管（OTFT）等关键电子元件。这些元件在柔性显示器、可穿戴设备、智能家居等电子产品中发挥着核心作用。随着市场对柔性、可穿戴电子产品的需求不断增长，有机功能材料在电子领域的应用前景将更加广阔。

为了实现有机功能材料的柔性化，需要采用先进的制备技术和结构设计。例如，利用柔性基底材料、纳米技术、3D打印技术等手段，可以精确控制材料的微观结构和形状，提高其柔性和延展性。同时，还需要对材料的物理、化学和机械性能进行深入研究，确保其在不同环境下的稳定性和可靠性。

（8）集成化。集成化是有机功能材料发展的重要方向之一，它将有机功能材料与其他材料或系统进行集成，形成具有综合性能的复合材料或系统，从而实现更高效、更便捷的应用。通过集成化，可以将有机功能材料的优异性能与其他材料的特性相结合，创造出具有多重功能和优势的新型材料或系统。

例如，将有机功能材料与无机材料集成，可以形成具有导电、导热、光学、催化等功能的复合材料，用于制造电子器件、传感器、太阳能电池、生物芯片等。此外，将有机功能材料与生物材料集成，可以实现生物医学领域中的药物输送、组织工程、生物成像等方面的应用。

集成化还可以通过先进的制造技术来实现。例如，采用纳米技术、3D打印技术等精确控制材料的微观结构和形状，实现复杂构件的快速、个性化制造。同时，利用智能合成技术、生物合成技术等手段，可以进一步提高有机功能材料的性能和可靠性。

（9）新合成方法与新技术应用。新合成方法与新技术应用在有机功能材料的发展中具有深远的意义。随着科技的飞速进步，新的合成方法和新技术不断涌现，为有机功能材料的制备和应用提供了无限可能。这些新方法和技术不仅有助于提高有机功能材料的性能，降低环境污染和能源消耗，还有助于开拓新的应用领域和市场机会。例如，绿色合成方法采用生物催化、光催化、电化学等环保方式来替代传统的有机合成，显著降低了有害物质的产生和废弃物的排放。智能合成技术则利用人工智能和机器学习等先进技术对合成过程进行智能控制，提高了合成效率，降低了实验成本，减少了实验次数和失败率。

科技的持续进步也在推动着有机功能材料的不断发展。当前，研究的焦点主要集中在提升这些材料的性能上，如提高耐热性、耐腐蚀性和强度等。此外，如何降低有机功能材料的成本，使其更符合市场需求，也是研究的重要方向。

超分子自组装技术利用分子间的非共价相互作用，精确地设计并自组装形成有序的聚集体或超分子结构，使得有机功能材料具有精确的分子排列和高效的性能表现。3D打印技术使我们可以精确控制有机功能材料的三维结构和形状，实现复杂构件的快速、个性化制造。

纳米合成技术利用纳米尺度上的结构和特性，合成具有优异性能的有机功能材料，如纳米颗粒、纳米纤维和纳米膜等。生物合成技术则利用生物系统进行有机功能材料的合成，具有高选择性、高效率和环境友好的优点。

此外，这些新合成方法与新技术也在不断拓展有机功能材料的应用领域。例如，在新能源领域中，开发了有机太阳能电池、有机传感器和有机吸附剂等功能材料；在生物医学领域，利用有机功能材料制作药物输送系统、生物标志物检测器和生物成像剂等；在环境保护领域，有机功能材料也被用于水处理、空气净化等方面。

（10）质量与安全。质量与安全是功能材料发展的重要方向之一，特别是在有机功能材料领域。由于有机功能材料经常与生物体和环境直接接触，因此对其质量和安全性的要求更加严格。为了确保有机功能材料的质量和安全性，全行业需要共同努力，加强质量控制、安全性评估、稳定性研究等工作。通过建立严格的质量控制体系，可以确保有机功能材料的生产过程中各项指标的稳定性和一致性，避免批次间的差异影响产品的性能和可靠性。同时，对有机功能材料进行全面的安全性评估也是至关重要的，包括化学毒性、生物相容性、环境影响等方面的测试，以确保产品在使用过程中不会对人类健康和生态环境造成危害。

此外，深入研究有机功能材料的稳定性也是提高产品质量和可靠性的关键，包括耐候性、耐腐蚀性、抗老化性等方面的研究。通过各种环境条件下的可靠性和耐久性测试，可以模拟实际使用场景，评估有机功能材料在不同条件下的性能表现和寿命，为产品的质量和安全性提供有力保障。

除了质量控制和安全性评估，遵守相关国家和国际标准、法规和指令也是非常重要的。全行业需要遵守相关法律法规要求，同时加强与监管机构的沟通和合作，推动行业标准的制定和完善。此外，向消费者提供准确、全面的产品信息也是非常重要的，包括成分、性能、使用方法等。通过加强消费者教育，提高消费者对有机功能材料的认知和信任度，可以进一步促进有机功能材料市场的健康发展。

最后，通过不断地技术创新和研发，改进有机功能材料的生产工艺和配方，提高产品的性能和质量，降低生产成本，为消费者提供更加优质、安全的产品选择也是非常重要的。

第2章　有机电致发光材料

　　光在生物生长过程中起着重要的作用，是地球上所有生物所需能量的终极来源。科研人员致力于将人工光发展到和自然光源相媲美，新材料的开发一直是他们几十年来的持续追求。随着液晶技术的出现，显示技术取得了一个飞跃。然而，主要的突破是发光二极管（Light-Emitting Diode，LED）的发明，因为它成功地实现了电致发光。在此基础上，由有机材料制备的新一代显示技术有机电致发光二极管（Organic Light-Emitting Diode，OLED）展示出诸多优点，如经济能耗低、响应速度快、制造成本低、分子多样性、视角广等，在固态照明、柔性显示器等方面大大发挥了其独特的优势。

2.1 有机电致发光器件的发展

1987年，柯达公司的C.W. Tang和Van Slyke等人最先利用真空蒸镀法制备了三明治型蓝色荧光OLED器件。该器件结构首次引入了载流子传输层这一概念，他们利用三铝（8-羟基喹啉）（Alq3）作为光发射器，以芳香二胺分子作为空穴传输层制备了一个OLED器件。该OLED器件的外部量子效率（External Quantum Efficiency，EQE）约为1%，在10V以下的驱动电压时，其显示出大于1000cd/m²的发光。虽然效率不算太高，但该工作成功引起了学术界的浓厚兴趣，被公认为是OLED研究历史的萌芽，C.W. Tang也被大家亲切地称为"OLED之父"。有机分子的激发一般有两种途径，一种是单态激子，另一种是三态激子。荧光发射是从单态到基态跃迁，所以荧光OLED的内部量子效率（Internal Quantum Efficiency，IQE）最高仅为25%，其余以热能或晶体振动形式损失。为了提高发光效率，Tang等人在有机客体-主体系统中提出了敏化发光的概念，发现掺杂Alq3器件的发光效率是未掺杂Alq3器件的两倍。

1992年，Gustafsson等人在PET（聚对苯二甲酸乙二醇酯）衬底上，使用MEHPPV作为电致发光层，以聚苯乙烯作为空穴传输层制出了第一个以高分子为主体的柔性有机电致发光器件（FOLED）。此器件的EQE为1%，开启电压为2~3V。此后，聚（苯）、聚（苯乙烯）和聚（氟乙烯）等越来越多的共轭聚合物被合成并将其作为电致发光层制备了OLED器件，取得了良好的效果。所有这些初步的研究都显示了低功能金属在电子注入中提高OLED性能的作用。此外，高纯度有机半导体新合成方法的发展对OLED的研究也产生了巨大的影响，因为高纯度材料提高了器件的性能。

1998年，Baldo等人报道了一种磷光OLED器件，在该器件中，一种红色发光的有机金属配合物铂（Ⅱ）八乙基卟啉（PtOEP）被掺杂到荧光宿主中。通过收集单线态和三线态进行光发射使得从宿主到发射体的能量转移变得十分有效，所得器件的EQE和IQE分别为4%和23%，这大大改善了器件效率方面的缺陷。这一开创性的贡献可以看作是磷光OLED的萌芽。利用有机金属配合物作为发射体的创新在于它们可以通过配合物中的重金属（如Ir和Pt）介导的强自旋轨道耦合、系统间交叉（Intersystem Crossing，ISC）来将单态和三态激子捕获到基态。因此，他们的理论IQE接近100%，克服了传统荧光材料IQE为25%的限制。这些配合物中的磷光发射都是在一个有用的微秒范围内衰减。自2001年以来，基于有机金属配合物与近100%的IQE的设备已经被报道。

2011年，Adachi等人报道了第一个纯有机热激发延迟荧光（Thermally Activated Delayed Fluorescence，TADF）发射器PIC-TRZ。与磷光有机金属发射器类似，纯有机TADF发射器可以同时收集单线态和三重态激发子来进行光发射，以此达到100%的IQE。该TADF发射器的一个重要优点是，它们是纯有机的，从而有效避免了使用重金属和有机金属配合物时产生的污染严重问题。TADF材料的主要要求是在其最低单线态（S_1）和三态（T_1）激发态之间有一个较小的能隙ΔE_{ST}。当ΔE_{ST}足够小，可以进行系统间反向交叉穿越（Reverse Intersystem Crossing，RISC）时，T_1状态的激子通过热辅助RISC（T_1–S_1，通常在室温下）有效地上转化为S_1状态，然后进行辐射荧光（S_1–S_0）。一般来说，RISC速率常数（k_{RISC}）与ΔEST成反比，导致激子生产效率达到近100%。

2012年，Adachi等人报道了一系列具有开创性的有机TADF发射器（CDCBs）。这些发射体都是基于供体-桥-受体结构，其中供体咔唑平面与邻苯二腈平面之间具有较大的二面角，使得最高占据分子轨道（Highest Occupied Molecular Orbital，HOMO）和最低未占据分子轨道（Lowest Unoccupied Molecular Orbital，LUMO）电子云分布的重叠度降低，相应的单-三重态能隙ΔE_{ST}很小。该研究中表现最好的OLED达到了惊人的19.3%的EQE。如此高的效率明确地证明了三线态激子转化为单线态激子的过程十分有效。

2.2　有机电致发光器件的结构与工作原理

2.2.1　有机电致发光器件的结构

科研人员针对OLED的研究，主要集中在以下几个方面：①提高器件效率；②降低器件启亮电压；③提高发光的色纯度；④增加器件稳定性和寿命。经过多年的研究，OLED器件也发展出了许多结构，以下逐一介绍OLED器件的常见结构。

2.2.1.1　掺杂发光器件

荧光材料在高浓度时会发生激发态猝灭效应。为了解决这一问题，需要将其以一定比例加入到具有较高能量的主体材料中一起充当发光层，这种设计可使主体材料的能量转移到荧光材料上。掺杂发光器件结构如图2-1所示，由于掺杂分子在基质材料中分散分布，一方面抑制了激发态猝灭效应，另一方面增加了电子与空穴的复合概率，大大提高了器件效率。除此之外，掺杂后的器件寿命会得以延长，在设计器件时也会更加灵活。

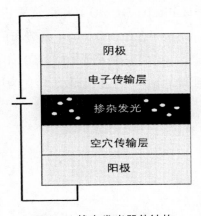

图2-1　掺杂发光器件结构

2.2.1.2　主体发光器件

虽然掺杂后器件效率有所提高，但在掺杂过程中需要掺杂分子与基质共蒸，这在实际操作中会增加蒸镀工艺的难度，而主体发光器件结构则有效避免了这一点。如图2-2所示，在主体发光器件结构中，发光材料聚集分布在发光层，简化结构的同时增加了发光中心的点数。

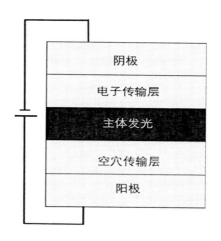

图2-2　主体发光器件结构

2.2.1.3　单层器件

单层器件结构如图2-3所示，这是最简单的一种结构，有机层夹在两金属电极之间就可形成。其中至少一侧电极需透明，以便光的输出。空穴和电子在电场的作用下克服有机层与正负电极之间的势垒后，经阳极和阴极注入，在有机层相遇形成激子，随后进行发光。阳极常常选用功函数较高的材料，同时为了满足必要的面发光，其还要保证良好的透明性，因此常选用ITO导电玻璃作为阳极，辐射光由ITO面出射。阴极一般采用较低功函数的Mg、Al等。由于电子和空穴注入的不平衡，器件的稳定性不高。

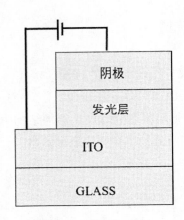

图2-3　单层器件结构

　　单层器件虽然结构简单，但是其性能通常较差，因为有机材料的传输特性一般都是单一的，很少会有双极性传输能力很好的材料。而且大多数有机材料的空穴迁移率要大于电子迁移率，这就导致了电子和空穴会在靠近阴极的一侧复合，进而使得激子在阴极猝灭，降低器件效率。此外，由于大部分空穴无法遇到电子，载流子复合几率低，进一步降低了器件效率。为了解决以上问题，研究人员使用双极性材料作为器件有机层或者增加有机层的厚度，使激子远离阴极，但是有机材料的导电性通常较差，过厚的器件会导致器件的功率效率较低，无法达到低驱动电压高效率的效果。因此，科研人员又开发出了将空穴传输材料或者电子传输材料与发光材料按照合理的比例通过旋涂或者共蒸组合在一起的方法，此方法能够避免上述各种不利于发光的问题，制备出性能较好的单层器件。

2.2.1.4　双层器件

　　如图2-4所示，将空穴传输层（Hole Transport Layer，HTL）或电子传输层（Electron Transport Layer，ETL）分别添加到单层器件结构中的发光层两侧即可形成双层器件结构。在大多数情况下，器件的空穴传输能力要比电子传输能力大两个数量级左右，而且ETL的HOMO能级要比HTL的HOMO能级要低，故当空穴传输到HTL/ETL界面时总是会受到阻挡并在此聚集甚至向ETL方向缓慢扩散，当另一侧的电子传输到此界面或者遇到扩散到ETL的空穴时就会复合并发光。因此双层器件的发光通常来自于ETL。当然，实际情况中也有少数将HTL作为发光层的双层器件，或者在HTL中掺入发光分子。

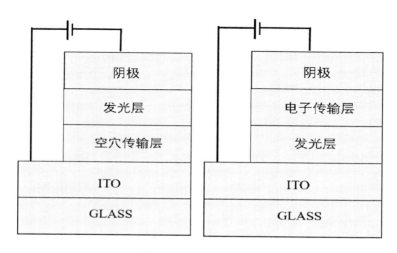

图2-4 双层器件结构

双层器件与单层器件相比通常有以下优点：①可以灵活地选择与阴极和阳极相匹配的ETL和HTL，载流子传输平衡性得到了极大的提升，器件开启电压也随之降低。②两层有机膜层与阴阳极分别相连后，与阴阳极真空能级能相匹配的有机材料的选择也会变得十分广泛，这样电子和空穴复合的效率也会增加。③载流子复合区域也会更远离阴阳极，减少了电极对激子的影响，提高了光辐射的几率。

2.2.1.5 三层器件

如图2-5所示，将单层器件结构保留，再将双层器件结构中引入的电子传输层和空穴传输层同时与阴阳极相联即可形成三层器件结构。这样的连接使得每层之间就会有相对应的有机材料来实现其功能，每层分别起一种作用，可选择材料的范围也随之会更灵活。对比双层器件结构，三层器件结构能更好地将载流子复合区域基本只限制在中心发光层，又进一步提高了复合的效率。

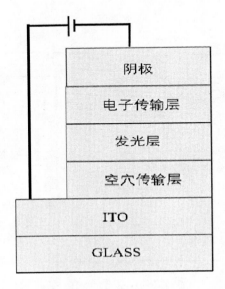

图2-5　三层器件结构

2.2.1.6　多层器件

如图2-6所示，将上述器件结构保留，增加电子注入层（Electron Injection Layer，EIL）/空穴注入层（Hole Injection Layer，HIL）与电子阻挡层（Electron Blocking Layer，EBL）/空穴阻挡层（Hole Blocking Layer，HBL）即可形成多层器件结构。引入电子/空穴注入层，可以降低载流子的注入势垒从而使得载流子从电极的注入变得更加便利，进而实现低的启亮电压；引入电子/空穴阻挡层则能有效减少无法形成激子的那一小部分电流，提高复合概率和激子跃迁辐射速率，提升器件效率。但是，注入层和阻挡层与其连接层之间的能级匹配问题要特别注意，实际实验中也不一定每层都会涉及，根据不同情况再作不同处理。

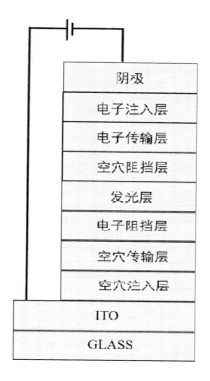

图2-6　多层器件结构

2.2.2　有机电致发光器件的工作原理

LED是基于无机半导体PN结的注入型电致发光，与LED不同的是，OLED是一种固态双注入型电致发光器件。有机发光二极管的发光原理如图2-7所示，这种器件中不存在PN结与自由载流子。发射波长取决于电子和空穴重新结合的能级的能隙。产生有机电致发光，一般需要以下五个步骤。

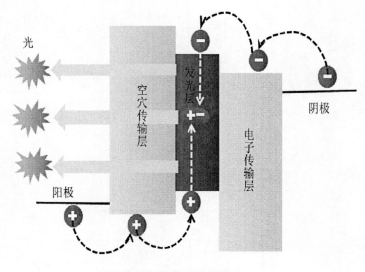

图2-7　OLED发光原理图

2.2.2.1　载流子的注入

在一定温度下，给电极一正向偏压时，空穴和电子在电场的作用下克服有机层与正负电极之间的势垒后，经阳极和阴极注入。对OLED来说，这是形成激子发光所经历的第一个过程，也是对器件性能产生严重影响的一步。所以，降低势垒，有效匹配所涉及薄膜层之间的能级显得十分重要。

2.2.2.2　载流子的传输

由于外加电场的持续存在，电子和空穴会继续相向地向中间的发光层进行运动。载流子在某一有机层时，有机分子与相邻分子通过电子云的重叠进行跳跃传输。载流子经过不同有机层之间时，其通过隧穿效应克服界面势垒进入发光层。显而易见，材料的载流子迁移率、有机层的成膜性等都会对载流子的传输产生影响。

2.2.2.3　载流子的复合

当电子和空穴都迁移到发光层并在其中某个有机分子相遇或相聚很近时，会发生结合形成不稳定的激子。这种结合轻易不会被解离，即使发生分子间的散射也依旧会保持稳定。发光层是载流子复合的最佳区域，如果无法保证电子和空穴在发光层的有效相遇，就会导致载流子向其相反电极运动，这会严重降低器件性能。因此，在进行每层材料的选取工作时需要格外谨慎。

2.2.2.4　激子的能量转移

在外加电场的作用下，电子和空穴复合形成的激子会在发光层附近发生漂移和扩散运动。由于在激发态粒子的能量较高，该粒子不稳定，在一定条件下，会发生往最低态的粒子处转移的可能，或者在激发态的粒子之间进行能量转移。总而言之，运动到一定位置后，激子与有机层中的发光分子会进行能量转移，相应的电子被激发后也会从基态跃迁到激发态。

2.2.2.5　辐射发光

激发态分子与周围物质不发生相互作用时，该激发态会通过辐射和非辐射方式发射能量后到基态。跃迁辐射是器件发光的唯一来源，其根据发光材料类型的不同会按照不同的路径和方式进行跃迁；非辐射跃迁主要是指分子内的内转换、系间窜越、振动弛豫和分子之间碰撞震动产生的热辐射。两种跃迁相互竞争，只有尽可能地抑制非辐射跃迁才能得到高的器件效率。

在发光层为主客体或者多组分的体系中，还会存在Förster共振能量转移（Förster Resonance Energy Transfer，FRET）和Dexter能量转移（Dexter Energy Transfer，DET）两种能量转移。FRET是依靠偶极与偶极之间的库伦作用，其转移条件与辐射能量转移相同，但是转移过程中并没有实际的光子的吸收与发射，而是受体分子的跃迁偶极产生一个电场诱导给体分子的发射。此种能量转移的距离也很长，在10nm内均可以发生，该能量传递方式主要发生在主体和客体的单重态激子之间。DET是一种处于激发态的分子与相邻的基态分子之间的双电子交换过程。具体过程是给体分子中LUMO轨道上电子转移到受体分子的LUMO轨道，同时受体分子HOMO轨道上的一个电子转移到给体的HOMO轨道上，自此受体分子就变成了激发态，给体分子变成了基态。此种能量转移范围较小，只能在1~1.5nm范围内才能发生。

2.3　有机电致发光材料的组成

有机电致发光材料的组成包括基板、电极及夹在电极间的功能层，下面对每部分的特性进行说明。

基板作为OLED的基础，为满足OLED机械应变的需求，基板需要具有良好的柔韧性、低表面粗糙度以及稳定性。ITO玻璃作为最先投入且最常用的基板材料，是将氧化铟锡（ITO）通过磁控溅射的方式沉积在玻璃上制备成一体化导电基板，由于其导电性好且光透射率较高，被广泛应用于OLED的研究中。随着智能照明和显示的需求，基板的柔性化也将成为趋势，因而开发了柔性基板如塑料基板、金属箔及柔性玻璃，如图2-8所示。

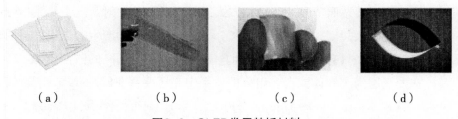

（a）　　　　　（b）　　　　　（c）　　　　　（d）

图2-8　OLED常用基板材料

（a）ITO玻璃；（b）塑料；（c）金属薄膜；（d）柔性玻璃

基板的特性包括：在可见光下的透射率大于90%；表面均方根粗糙度$R_{RMS}<2nm$，表面粗糙度的峰值$R_{max}<20nm$；具有4~5eV的高功函数。

　　电极是有机电致发光器件的重要组成。阴极和阳极为OLED器件施加电场，产生电荷。不同种类的电极材料如图2-9所示。其中，阴极的功函数通常小于阳极的功函数，阴极和阴极相邻层的费米能级和最低未占分子轨道（LUMO）之间的能量分离分别很小。通过降低费米能级的分离来提高OLED的效率。电极的选择包括热稳定性与化学稳定性，良好的可见光透射率以实现光出射及较低的电阻率。

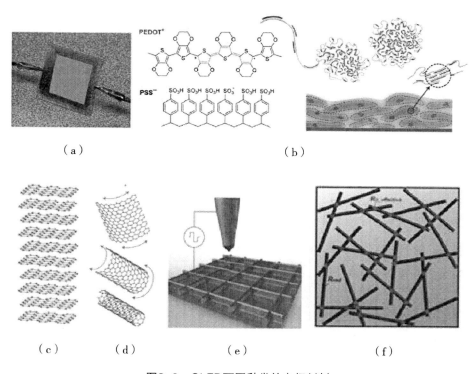

图2-9　OLED不同种类的电极材料

（a）ITO；（b）导电聚合物；（c）石墨烯；（d）碳纳米管；
（e）金属网格；（f）金属纳米线

　　空穴注入层（HIL）在阳极和空穴传输层之间，增强了OLED器件的稳定性并降低了强制电流。该层倾向于阻挡电子并将空穴从阳极注入到空穴转换层的最高占据分子轨道（HOMO）。空穴注入层材料具有高迁移率因子、低势垒宽度（两层HIL和HTL的HOMO能级之间的能量分离）以及HIL和HTL

的LUMO能级之间的较高势垒宽度。Alq3、m–MTDATA和CuPc材料均用作OLED器件中的HIL材料。

空穴传输层（HTL）通常为P型有机半导体层。通过插入HTL，能够为发光层提供更多的空穴发生辐射复合产生激子，提高发光效率。HTL通常采用三（3–甲基–苯基）苯基氨基三苯胺（m–MTDATA）、1，1–双[（二–4–甲苯基氨基）苯基]–环己烷（TAPC）等。空穴传输层具有高空穴迁移率与较低的电子迁移率，稳定的表面形态等独特性质。同时空穴注入层的HOMO能级和阳极的费米能级之间的势垒能分离应该更低。

电子传输层（ETL）在提高OLED的效率和寿命方面起着至关重要的作用。ETL位于EIL和HIL之间需要具有高电子迁移率实现良好的电子注入以及高阻挡空穴；足够的三重态能量用于激子阻挡以及高电导率、热稳定性和比电容。

在单层OLED中，发光层（Emitting Layer，EML）保持在两个电极（阳极和阴极）之间。对于多层OLED系统，它夹在电荷阻挡层之间。有机分子有两种类型：小分子（分子量小于1000AMU）和聚合物（分子量大于1000AMU）用作发光层材料。发射材料所需的性能包括：应在可见光谱范围内具有良好的发光特性和良好的透明度；具有较低的带隙（HOMO和LUMO能级之间的能量分离）；在空穴注入的情况下，材料应该在HOMO能级和阳极功函数之间具有低能垒。在电子注入中，LUMO能级和阴极功函数之间的能垒应该很小。

2.4 新型有机电致发光材料的合成

2.4.1 有机电致发光器件中的主体材料

目前大多高效率的OLED器件发光层都采用主客体掺杂系统，即发光材料为客体，以一定的比例掺杂于主体材料中。因为在非掺杂OLED器件的发光层中，载流子复合产生的激子会大量聚集，发生严重的三线态–三线态淬灭（Triplet–Triplet Annihilation, TTA）现象，这会导致不可利用的能量损耗，降低器件的内量子效率。而通过将用于发光的客体发光分子掺杂于用于传输能量的主体材料中，可以有效降低处于激发态分子的浓度，抑制激子之间的聚集淬灭，从而提高器件的效率。

通常情况下，主体材料需要具备良好的电子和空穴传输能力、高的单重和三重激发态能级，以及与相邻传输层相匹配的HOMO和LUMO。目前大多数OLED器件所使用的主体材料仍采用传统荧光材料，主要有CBP、mCBP、mCP等。随着TADF材料和激基复合物材料的快速发展，研究者们发现具有反向系间窜越通道的TADF分子和激基复合物不仅可以作为优秀的客体发光分子，而且在充当向客体转移能量的主体也非常有前途。相对于传统荧光主体，TADF材料和激基复合物作为主体具有许多天然的优势。

2.4.1.1　TADF分子

由于TADF分子上存在传输空穴的给体片段和传输电子的受体片段，因此是天然的双极性材料，同时具有良好的传输电子和空穴的能力，这有利于载流子的复合。典型的TADF材料双[4–（9，9–二甲基–9，10–二氢吖啶）苯基]砜（DMAC–DPS）已经被证明具有良好的双极性特性。[①]同时，良好的双极性特性有助于建立宽的激子复合区。当采用传统荧光材料作主体时，由于传统荧光为单极性，只对电子或空穴具有良好的传输能力，这会导致激子复合区通常位于电子传输层或空穴传输层与发光层的界面处。由于TADF材料具有优异的双极性载流子传输特性，因此整个发光层都将成为激子复合区，从而降低激子的密度并提高器件效率。更重要的是，相比于传统主

---

① Zhang D D, CaiM H, Zhang Y G, et al.Highly efficient simplified single–emitting–layer hybrid WOLEDs with low roll–off and good color stability through enhanced forster energy transfer[J].ACS applied materials&interfaces，2015，7（51）：28693–28700.

体，TADF主体材料具有额外的RISC通道，因此可以将三重态激子转化为单重态激子，这使得TADF主体材料敏化客体发光分子时的主要能量传递路径为单线态激子之间的Förster能量转移。这样就可以更有效地利用三重态激子，从而提高器件效率，特别是对于传统的荧光分子。此外，用TADF材料作为主体可以简化TADF材料的结构设计，因为TADF材料作为客体发光分子时需要具有较高的RISC和辐射跃迁效率，通常很难同时满足这两个条件。而当TADF材料作为主体时，可以忽略辐射跃迁效率，因为上转换的三重态激子应该通过Förster能量转移方式传递给客体发光分子而不是辐射跃迁发射光子。

2.4.1.2 激基复合物

除了前面介绍的单分子TADF发光材料之外，拥有分子间电荷转移特性的激基复合物也属于荧光发光材料的一类，其应用在OLED器件中很长时间，但是器件效率一直以来都难以超过5%的EQE。直到2012年，Adachi等人选择了空穴传输材料m-MTDATA作为给体材料配合受体材料3TPYMB构建了绿光激基复合物m-MTDATA：3TPYMB，并成功获得了5.4%的EQE。[①]这一结果突破了5%EQE的极限并首次证明了激基复合物发光材料具有TADF性质，可以有效地利用RISC通道上转化T_1态激子至S_1态进而实现100%的IQE。这一报道鼓励了许多研究学者致力于激基复合物发光材料及其OLED器件的研究。随着合适的给体材料（Donor，D）和受体材料（Acceptor，A）被广泛设计和合成，基于激基复合物发光材料的OLED器件取得了很大的进步。目前利用激基复合物发光材料作为发光层制备的OLED器件中，蓝光器件的最大EQE是16.0%、绿光器件的最大EQE是26.4%、橙红光器件的最大EQE是接近15.0%、近红外器件的最大EQE是5.0%，这些基于激基复合物OLED的器件

① Goushi K，Yoshida K，Sato K，et al.Organic light-emitting diodes employing efficient reverse intersystem crossing for triplet-to-singlet state conversion[J].Nature Photonics，2012，6（4）：253-258.

性能可以与磷光材料及单分子TADF材料制备的OLED器件相媲美。

与TADF单分子材料一样，激基复合物同样具有双极性载流子传输特性，可以平衡双载流子的注入和复合，拓宽激子复合区，以及具有额外的上转换通道高效地利用三重态激子。除此之外，由于空穴传输层和电子传输材料一般分别与形成激基复合物的给体材料和受体材料相同，因此，传输层和发光层之间的界面势垒将被消除，电子和空穴从传输层注入到发光层的过程会更容易。因此，基于激基复合物的OLED器件通常具有更低的导通电压，从而进一步提高器件效率。图2-10为具有TADF特性的主体（TADF材料和激基复合物）和传统主体敏化客体的能量传输示意图。

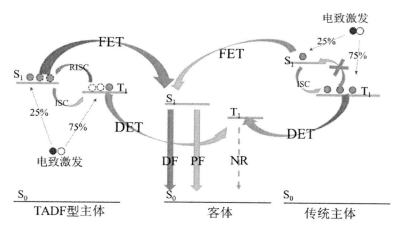

图2-10　具有TADF特性的主体和传统主体敏化客体的能量传输示意图

（1）激基复合物发光材料的构成成分。

在激基复合物发光材料的形成原则指导下，许多新的给体材料和受体材料近年来被大量地设计和合成。目前为止，有两种代表性的方法来构建激基复合物发光材料：一种方法是组合常见的空穴传输材料（Hole transport materials，HTMs）和电子传输材料（Electron transport materials，ETMs）作为D和A材料来构建激基复合物发光材料，这也是设计激基复合物最常见和最简易的途径；另一种方法是通过设计合成新的D-A型双极性的D或A材料来构建激基复合物发光材料。基于以上这两种方法，大量构成激基复合物的D或A材料被广泛地设计和合成，其中包括以咔唑（Carbazole）、二苯胺（Diphenylamine）、三苯胺（Triphenylamine）、吖啶（Acridine）、吩噁嗪（Phenoxazine）等衍生物构成的供电子型材料作为D材料和以三嗪（Triazine）、二苯基砜（Diphenyl sulfone）、二苯基氧化膦（Diphenyl phosphine oxide）、苯甲酮（Benzophenone）、三芳基硼（Triaryl boron）、庚嗪环（Heptazine）、吡啶（Pyridine）等衍生物构成的缺电子材料作为A材料。不同功能的给体和受体材料构建了不同性质的激基复合物发光材料及有机电致发光器件。

（2）激基复合物在有机电致发光器件中的应用。

由于大多数有机发光材料在高浓度聚集的条件下往往会遭受严重的聚集诱导猝灭效应，同时由于部分发光材料特殊的化学结构往往并不利于很好地传输电子和空穴，所以主客体掺杂的发光体系在OLED器件中被广泛应用。理论上，一个理想的主体需要满足以下这些特点：①足够高的S_1和T_1态能级来限制所有的激子在发光材料上；②优秀的光学、电化学和热稳定性等性质；③合适的HOMO与LUMO能级接近邻近的电荷传输层来最小化注入势垒；④平衡的空穴和电子迁移率进而有利于电荷的传输和拓宽激基复合物的激子复合区域；⑤具有好的溶解性和成膜性，特别是溶液法有机电致发光器件的制备。

尽管过去一些年，许多研究学者一直致力于发展有效的单分子TADF材料作为主体材料，但其高的S_1和T_1态能级总是导致深的HOMO能级或高的LUMO能级，很容易使OLED器件遭受高的开启电压、驱动电压、低的器件效率及严重的效率滚降。由于激基复合物是通过D与A之间的电子跃迁而形成的，因而它的能级带隙、稳定性、激基复合物发光材料的HOMO与LUMO能级都是由其组成成分来决定的。同时，它们的电荷迁移率也可以通过不同掺杂浓度比例来充分调节平衡。所以，激基复合物发光材料作为主体材料很容易满足以上的这些需求，进而被研究学者们广泛应用在OLED器件中。

如图2-11所示，主要有两种类型的激基复合物被用作主体材料，即D：A混合的激基复合物和D/A界面的激基复合物。在OLED中，电子和空穴复合在激基复合物主体上形成的75%的三线态激子可以通过RISC过程上转化进入单线态上，最后以Förest能量转移的形式将所有的单三线态激子转移到掺杂体上，从而有效地提高器件效率和抑制有害的三线态–三线态湮灭（Triplet-triplet annihilation，TTA）过程。

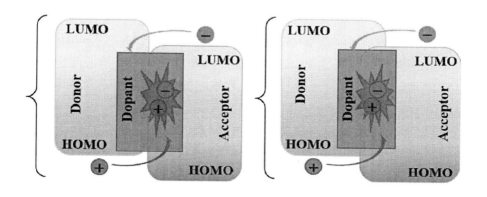

D/A 界面激基复合物 　　　　D：A 混合激基复合物

图2-11　激基复合物主体材料的类型

2.4.2　基于重原子效应的TADF主体材料的合成

　　TADF材料相对于传统荧光材料具有较小的单–三重态能级差，因此可以在常温下通过反向系间窜越通道将传统荧光所无法利用的三重态激子转换为可以直接辐射跃迁的单重态激子，从而实现理论上最大为100%的IOE。因此TADF材料自从2012年首次被Adachi团队发现以来，便吸引了众多学者的广泛研究。到目前为止，研究者们已经设计开发出了大量的采用各种结构，发射各种波段的高效TADF材料。TADF材料的巨大优势不仅在于其可以作为高效的客体发光材料，同时也具有成为向客体发光分子传输能量的主体材料的潜力。当TADF材料作为主体材料时，因为其具有额外的RISC通道，可以将三重态激子转化为单重态激子，再通过主客体间的Förster能量转移方式将能量传给客体分子，从而更高效地利用三重态激子，提高OLED器件效率。

因此提高TADF主体材料敏化客体发光材料的有效方法之一是提高三重态激子转化为单重态激子的反向系间窜越过程。有研究表明在TADF发光分子中引入卤素原子后可以使得分子的自旋轨道耦合增强，从而加速了RISC过程，最终制备出了高效率的OLED器件。

通过上述分析，本例设计合成了一种附带有一个溴原子的TADF主体材料11-（3-（4-（3-溴苯基）-6-苯基-1，3，5-三嗪-2-基）苯基）-12，12-二甲基-11，12-二氢茚并[2，1-a]咔唑（Br-DMIC-TRZ），其中咔唑衍生物（DMIC）为给体片段，三苯三嗪（TRZ）为受体片段，具有吸电子能力的溴原子连接到TRZ上在增强受体片段的吸电子能力的同时引入重原子效应。

TADF主体材料Br-DMIC-TRZ的合成路线如图2-12所示。

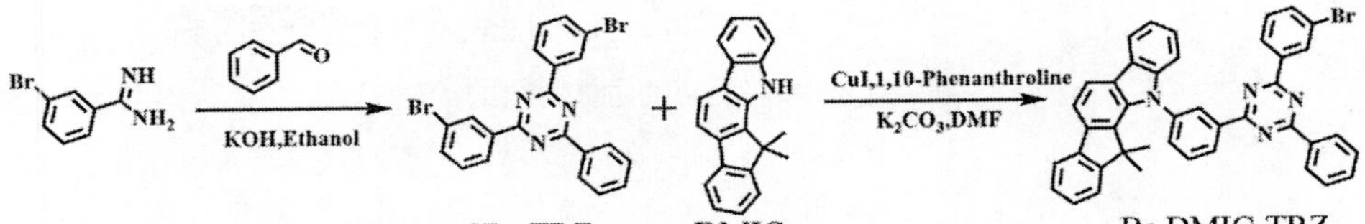

图2-12　TADF主体材料 Br-DMIC-TRZ的合成路线

具体流程如下：

取250mL双口反应瓶一个，冲洗干净并烘干，然后加入磁力搅拌子一枚。先后加入3-溴苄脒盐酸盐（1.99g，10mmol）、苯甲醛（0.53g，5mmol）和氢氧化钾（0.84g，15mmol），置于反应架上抽换氮气三次以排除含有水汽和氧气的空气，在氮气的保护下，用50mL注射器分两次共抽取80mL无水乙醇注入到双口反应瓶中，再次抽换氮气三次，在70℃的油浴温度下搅拌反应，并在氮气下回流；利用薄层色谱法（TCL）点板检测，等到3-溴苄脒盐酸盐完全反应后，关闭加热开关和搅拌开关，冷却至室温后，取下反应瓶并置于冰水混合物中，通过过滤析出的沉淀物得到粗品，烘干后将二氯甲烷和石油醚按照体积比1∶1进行混合作为洗脱液，通过硅胶柱层析法分离杂质，浓缩后使用二氯甲烷和无水乙醇的混合溶液重结晶，析出白色絮状物后经过抽滤和烘干，得到白色粉末状的中间体材料2Br-TRZ 1.95g（4.17mmol）。紧接着，取100mL双口反应瓶一个，冲洗干净并烘干，然后加入磁力搅拌子一枚。先后加入上述步骤得到中间产物2Br-TRZ（0.94g，2mmol）、5，7-二氢-7，7-二甲基茚并[2，1-b]咔唑（0.57g，2mmol）、碘化亚铜（0.76g，4mmol）、1，10-菲罗啉（0.36g，2.00mmol）、碳酸钾（1.11g，8mmol），置于反应架上抽换氮气三次，在氮气的保护下，用50mL注射器抽取40mL脱水二甲基甲酰胺注入到圆底烧瓶中，并将反应烧瓶置于油浴中，反应温度设定为130℃然后搅拌反应，并在氮气下回流；利用薄层色谱法（TCL）点板检测，等到2Br-TRZ完全反应后（反应11h），关闭反应台加热和搅拌开关，冷却后用饱和氯化钠水溶液和二氯甲烷萃取混合物，将萃取液在真空中浓缩旋干，而后使用体积比为1∶6的二氯甲烷和石油醚的混合溶液作为洗脱液，通过硅胶柱层析法去除杂质和副产物，接着用二氯甲烷和无水乙醇的混合溶液重结晶，析出白色絮状物后经过抽滤和烘干，得到白色粉末状1.15g（1.72mmol），即高效率的热激活延迟荧光主体材料（Br-DMIC-TRZ）。

将Br-DMIC-TRZ与已经报道过的不带溴原子的相似TADF分子11-（3-（4，6-二苯基-1，3，5-三嗪-2-基）苯基）-12，12-二甲基-11，12-二氢茚并[2，1-a]咔唑（DMIC-TRZ）相对比。该化合物在引入额外的溴原子后仍然表现出优异的热稳定性和电化学稳定性。由于溴原子的引入，溴取代化合物表现出更短的延迟荧光寿命和更快的RISC速率，延迟荧光寿命从$2.08\mu s$降低到$1.75\mu s$，RISC速率从每秒1.05×10^6增加到每秒2.27×10^6。同时为了与最广泛使用的传统主体材料之一CBP相对比，使用Br-DMIC-TRZ、DMIC-TRZ以及CBP分别敏化了两种TADF发光材料（SAF-2NP，APDC-DTPA）和一种传统荧光材料（DCJTB），制备了多组OLED发光器件。结果表明，基于Br-DMIC-TRZ的OLED器件的发光性能明显优于基于DMIC-TRZ和CBP的OLED器件。其中，在采用APDC-DTPA作为掺杂剂（652nm处的发光峰）的三组器件中，Br-DMIC-TRZ器件的EQE为21.4%，高于DMIC-TRZ器件（EQE为17.2%）和CBP器件（EQE为15.8%）。这些结果表明在TADF主体中引入重原子效应可以明显提高主体到客体的能量传输水平，最终提高OLED器件的电致发光性能。

2.4.3　基于分子间氢键策略的激基复合物发光材料的合成

自从Goushi等人在nature期刊上报道了黄绿光激基复合物发光材料并首次证明了激基复合物存在TADF特性，经过近十年的发展，激基复合物TADF发光材料取得了显著的进步。然而，与当前具有丰富指导性设计策略的磷光和单分子TADF发光材料相比，高性能的激基复合物发光材料仍然没有指导性的设计方案。传统激基复合物发光材料是通过将大量的D和A材料物理性地随机混合以静电式库仑力相互作用而形成的，这种随机混合的形式会导致D与A材料之间的无效连接和过度聚集而导致的猝灭效应。更重要的是，当激基复合物发光材料处于激发态时，D与A物理性随机混合构建的激基复合物发光材料很容易产生单线态和三线态的振动和弛豫现象，这些因素都将严重导致非辐射跃迁损失。一直以来，人们都致力于克服非辐射跃迁损失导致激基复合物及其有机电致发光器件遭受差的发光性能这一关键性难题。

针对这一问题，一些学者提出了在激基复合物的D和A之间引入分子间氢键的策略，提升激基复合物发光体系的刚性进而抑制其分子间的振动和弛豫过程，有效地降低其非辐射跃迁损失。根据这一策略，13PXZB（1，3-di（10H-phenoxazin-10-yl）benzene）和三个具有代表性的电子传输材料B4PyMPM（4，6-bis（3，5-di（pyridin-4-yl）phenyl）-2-methylpyrimidine）、B3PyMPM（4，6-bis（3，5-di（pyridin-3-yl）phenyl）-2-methylpyrimidine）、B2PyMPM（4，6-bis（3，5-di（pyridin-2-yl）phenyl）-2-methylpyrimidine）分别被筛选作为D和A材料。

2.4.3.1　激基复合物发光材料的设计思路

传统激基复合物是由物理性随机混合D和A材料以静电式库仑力相互作用而形成的，通过分子间的电荷跃迁进而发光。对于激发态的激基复合物发光材料（Singlet state of exciplex emitter，S_1^E和Triplet state of exciplex emitter，T_1^E），一般辐射跃迁过程包含了两种通道：S_1^E态的瞬时荧光部分和T_1^E态的延迟荧光部分。随着瞬时荧光和延迟荧光过程的发生，来自S_1^E态内部的转化过程（Internal conversion，IC）和从T_1态到S_0态的三线态激子非辐射跃迁过程是相互竞争的过程，这些都是由构成激基复合物的D和A之间的分子间和分子内振动和弛豫造成的[1][2]。与单分子TADF发光材料相比，通过D和A材料形成的激基复合物发光材料更容易遭受严重的分子间振动和弛豫过程，这些都将导致严重的非辐射跃迁过程。2016年，Kim等人证实了激基复合物的非辐射跃迁过程会造成严重的能量损失。该课题组通过在低温150K的条件下限制分子内和分子间的振动过程，进而使得激基复合物OLED器件的最大EQE从11%提升到了25.2%。显然，避免非辐射跃迁过程是发展高性能激基复合物发光材料最有前景的方法。

在构成激基复合物的D和A材料之间引入分子间氢键相互作用力，即D与A材料之间通过引入比静电式库仑力更强的范德华相互作用力，能够更有效地限制分子间的振动和弛豫过程从而降低非辐射跃迁能量损失。基于此，考虑到13PXZB中吩噁嗪基团的氧原子和B4PyMPM、B3PyMPM及B2PyMPM中的吡啶环上的氮原子含有很强的电负性，它们之间的分别配合很容易产生相互作用进而促使分子间氢键的形成。因此，含有吩噁嗪基团的13PXZB和含有邻、间、对位置的吡啶环基团的B2PyMPM、B3PyMPM和B4PyMPM分别被筛选作给体材料和受体材料来构建具有分子间氢键的激基复合物发光材料。

2.4.3.2 制备过程

具体制备过程如下：

ITO基片在使用前需要进行清洗，分别按照清洗剂–去离子水–丙酮–乙醇的流程工艺依次在超声仪中各超声30min。将洗干净的ITO基片用氮气吹干表面去离子水，之后放入紫外臭氧仪器中进行紫外处理30min。30min以后，迅速地将基片正面朝下放入真空蒸镀仪器中，开始进行抽真空，当腔体

[1] Sarma M，Wong K T.Exciplex：an intermolecular charge–transfer approach for TADF[J].ACS Applied Materials&Interfaces，2018，10（23）：19279–19304.

[2] Zhang M，Zheng C J，Lin H，et al.Thermally activated delayed fluorescence exciplex emitters for high–performance organic light–emitting diodes[J].Materials Horizons，2021，8（2）：401–425.

真空度达到5×10^{-4}Pa以下时开始按相应的器件结构顺序镀膜，其薄膜厚度和蒸镀速率由晶振片进行监控。有机层材料的沉积速率控制在1.0Å/s，LiF的沉积速率控制在0.1Å/s，Al的沉积速率控制在10Å/s。所有测量均在室温大气环境下进行。

通过傅里叶近红外光谱（Fourier transform infrared，FT-IR）测试、光物理性质、理论计算、表面形貌、器件效率和稳定性的研究，拥有更多分子间氢键的13PXZB：B4PyMPM表现出高达69.6%的荧光量子产率（Photoluminescence quantum yield，φ_{PL}）和低至$3.4 \times 10 5s^{-1}$的非辐射跃迁速率常数（Rate constant of non-radiative process of triplet excitons，k_{nr}^{T}）。在OLED器件中，基于13PXZB：B4PyMPM的OLED器件实现了最高14.6%的EQE和192min的LT_{50}。通过对比基于13PXZB-和13AB-激基复合物发光体系的器件性能，其器件性能的巨大差异证明了D和A之间形成分子间氢键可以有效地改善激基复合物发光性能。这一策略充分地显现了分子间氢键辅助激基复合物发光材料的优势，也为进一步发展高效且稳定的激基复合物发光材料提供了指导意义。

2.5　有机电致发光材料的应用

与传统液晶显示技术和发光二极管技术相比，OLED器件最显著的特点是其器件制备绝大多数选用的是有机发光材料。而这些具有较强分子可设计性和结构多样性的有机发光材料，可以通过取代不同的供电子或吸引电子的基团，进而有效地调控有机发光材料的发光波长（紫外至近红外发光区域）和电致发光性能。同时，OLED技术具有高转换效率、响应速度快、无需背光源、广视角、色彩丰富、轻薄、柔性透明等独特的特性，这些都使得OLED在全球范围内掀起了巨大的研究热潮。

2.5.1 信息显示领域

鉴于OLED技术的巨大优势和广阔的应用前景，在许多科研机构和公司的共同努力下，OLED已经在信息显示和照明领域逐渐商业化。据资料统计显示，2001年，韩国三星公司成功制备出当时全球最大的有机显示屏15.1英寸全彩色有源驱动OLED。2011年，日本索尼公司研制出了当时具有重大意义的105英寸超大OLED电视。2014年，韩国三星公司将OLED面板应用在显示器及穿戴式终端设备上。2017年，韩国三星公司开始量产OLED全面显示屏并研发出9.1英寸弹性OLED面板。如图2-13所示，这种OLED全面屏具有形状自由调控、无缝衔接、视角全面的特性。随后，苹果iPhone X全面采用三星OLED面板让OLED逐渐成为智能手机屏幕的主流。目前已经广泛应用于智能手机、智能手表、便携式电脑、家庭电视等电子产品。随着智能家居、智能电动车、虚拟现实等技术的发展，人们对显示技术提出了新的要求，OLED技术有望进一步应用于这些电子产品中。

图2-13　OLED制作的产品

此外，除了具有清晰的对比度和丰富的设计性以外，OLED还可以实现透明、折叠、易弯曲的设计理念，从而成为电子竞技游戏手机和折叠手机的必选，没有漏光和屏幕指纹等功能更是让OLED屏幕占据目前手机市场。2013

年，韩国LG公司将有机发光材料可以弯曲的特点应用在OLED中，推出了100寸OLED曲面屏电视，如图2-13所示。随着手机、可穿戴设备等消费类电子产品逐渐向柔性化方向发展，OLED面板的需求量在不断迅速地提升。

2.5.2 照明领域

在照明领域，OLED同样具有显著的优势。由于传统荧光灯的功率效率仅在50~100lm/W，白光OLED的极限功率效率可以达到240lm/W。相比于目前市场上LED光源（白炽灯、节能灯），OLED照明技术具有突出的优势：①驱动电压低；②发光效率高，有效地降低了能源损耗。因此，高发光效率和绿色环保的OLED光源代替传统的照明光源，更符合人们对高质量照明光源的追求。图2-14为OLED照明面板制作的灯具。除了满足日常家居照明，OLED在一些专业场合中也有重要意义，如车载照明。由于OLED发光强度大、发光方向广且均匀、功耗低，因此在应用于车灯时可以简化传统车灯中的散热设计和反射结构等。而且OLED可柔性化的特点可以满足用户对车灯的个性化造型的需求。

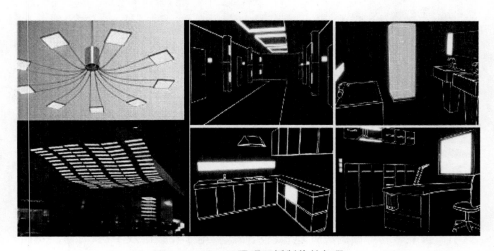

图2-14　OLED照明面板制作的灯具

2.5.3 工业领域和医疗领域

在工业领域中，随着科技的发展，很多工厂正在朝着智能化、自动化、无人化方向发展，所引入的智能化机器和操作显示页面也越来越多，OLED技术可以广泛应用于这些场景中的信息显示、工厂照明以及信号探测等。另外，OLED在医疗领域也发挥着重要作用，例如可以测量心率和血氧含量的健康检测传感器，以及用于小尺寸的皮肤伤口监测和护理的便捷式贴片或口罩。

凭借着这些实用性的优点，科研和产业界都对OLED产生了极大的兴趣，共同致力于推动OLED技术的产业化。特别是，随着5G技术的不断普及，OLED技术迎来了快速发展的机遇期。目前，除了韩国、日本及欧美等地区外，我国的京东方、维信诺和TCL等多家新型显示公司在OLED信息显示和大面积照明等多个关键技术方向上也取得丰硕的研究成果，为后续产业健康发展奠定了良好的基础。

第3章　有机光伏材料

　　有机光伏材料是一种新型的光伏材料，利用有机半导体材料将光能转化为电能。它们具有轻便、柔韧、可溶液加工等优点，为光伏产业带来了革命性的变革。有机光伏材料的研究仍处于发展阶段，需要不断探索和优化，以实现更高的光电转换效率和更长的使用寿命。

3.1　太阳能电池的发展

光电子学是一门研究光子和电子相互转换的学科，是现代光电产业的基础。这个产业涉及光和电相关的各种产品，包括太阳能电池、光电探测器、光纤宽带通信、激光机械切割、LED照明和LCD显示等。这些高科技产品虽然看似复杂，但本质上都是发光体。白炽灯的发明是光电子学实用化的一个里程碑，标志着人类开始大规模发展光电产业。量子力学认为光具有波粒二相性，在光电应用中，传递信息和传递能量是光的二相性。传递信息对应于光的波动性，而传递能量对应于光的粒子性。信息技术（IT）是光电产业中应用最广泛的领域之一，通过光纤通信实现，利用激光光束的波动性传递信息。LCD显示器也利用了光的波动特性来传递信息。人们利用光的波动性和电磁波传递信息，推动了人类传递信息的技术进步。

太阳能电池则利用了光的粒子性，将光能转换为电能。太阳能电池的物理机制不涉及光的波动性，而是基于光子。当一个光子被半导体吸收后，会产生一个电子和一个空穴，生成的电子和空穴的数量决定了电流，而电子和空穴的电势差决定了电压。光的波动性和粒子性在光电应用中发挥着不同的作用。波动性的应用主要是传递信息，而粒子性的应用主要是传递能量。这种光电应用二相性成就了分别在两个方向上发展的光电产业。许多物理学家因为在光电子学和半导体物理学上的重大贡献而获得了诺贝尔奖。

太阳能电池的发展历程可以追溯到19世纪30年代，至今已有约190年的历史。1839年，法国物理学家Edmond Becquerel首次观察到在电解液中且覆盖有感光材料AgCl的电极在光照下会产生光致电压的现象，并检测到电流，这种现象被称为光伏效应。

1883年，美国科学家Charles Fritts成功制造了第一块太阳能电池。他使用了两种不同材料的金属来压制熔化的硒，其中一块金属板（如黄铜）与硒紧密结合，形成了一个薄片。然后将金箔压在硒薄片的另一面，从而制作出了光伏器件。这个薄膜器件的面积约为30cm²，但其能量转换效率仅为1%。

1904年，科学家Hallwachs发现铜与氧化亚铜结合具有光敏特性。同年，爱因斯坦发表了关于光电效应的论文。

1918年，波兰科学家Czochralski开发出生长单晶硅的提拉法工艺。

1921年，爱因斯坦因解释光电效应的理论获得诺贝尔物理学奖。

1949年，W. Shockley、J. Bardeen和W. H. Brattain发明了晶体管，开启了半导体器件时代。

1953年，Dan Trivich博士完成了基于太阳光谱的不同带隙材料光电转换效率的理论计算。

1954年，Daryl M. Chapin、Calvin S. Fuller和Gerald L. Pearson在硅中掺杂杂质后，研制出了效率为4.5%的单晶硅PN结太阳能电池。几个月后效率提升至6%，几年后达到10%，这一突破性成果成为太阳能电池发展史上的里程碑。自此以后，太阳能电池技术不断发展，各种新型太阳能电池相继问世。

1958年，T. Mandelkorn研制出N/P型单晶硅太阳能电池，这种电池抗辐射能力强，霍夫曼电子实现了单晶硅太阳能电池的商业化，效率达到9%。同年，第一个使用太阳能电池供电的卫星先锋1号发射，电池面积为100cm²、功率为0.1W，为一个备用的5mW传声器供电。

1962年，商业通信卫星Tel-star发射，所用太阳能电池的功率为14W。

1973年，第一次石油危机后，太阳能应用开始进入民用领域，如手表、小型计算器等设备利用太阳能给镍镉电池充电。

1977年，D.E. Carlson和C.R. Wronski制成世界上第一个非晶硅太阳能电池。同年，世界太阳能电池产能超过500kW。

进入20世纪80年代，研究人员开始关注铜铟镓硒薄膜太阳能电池，并取得了一系列突破性进展。

1980年，ARCO太阳能公司成为世界上第一个年产量达到1MW的太阳能电池生产厂家。三洋电气公司利用非晶硅电池批量生产并进行了户外测试。

1983年，世界太阳能电池年产量超过21.3MW。同年，名为Solar Trek的1kW光伏动力汽车穿越澳大利亚，20天内行程达到4000km。

1990年，世界太阳能电池年产量超过46.5兆瓦。

1991年，瑞士Griatzel教授研发的纳米TiO_2染料敏化太阳能电池（Graezel Cell）转化效率达到7%。1995年，该电池的转换效率进一步提升至10%。

2001年，澳大利亚新南威尔士大学Marin Green教授提出了第三代太阳能电池的概念，旨在通过太阳光谱分割等手段将太阳能电池的效率提高至50%甚至80%以上。

2001年，无锡尚德成功建立10兆瓦太阳能电池生产线。2002年9月，尚德第一条10兆瓦太阳能电池生产线正式投产，这一产能相当于此前4年全国太阳能电池产量的总和，使我国与国际光伏产业的差距缩短了15年。

2003—2005年，在欧洲（特别是德国）市场的推动下，无锡尚德和保定英利持续扩大生产，同时多家企业纷纷建立太阳能电池生产线，促使我国太阳能电池产量迅速增长。

2007年，我国成为生产太阳能电池最多的国家，产量从2006年的400兆瓦激增至1088兆瓦。

2009年，日本A. Kojima教授等人首次将钙钛矿材料应用于染料敏化太阳能电池中，获得了3.8%和3.13%的光电转换效率。自此，PSCs以其优越的材料性质吸引了广泛关注，其光电转换效率不断攀升，逐渐接近极限理论值。

2011年10月18日，德国Solar World美国分公司联合其他6家生产商向美国商务部正式提出针对我国光伏产品的"双反"调查申请，声称我国75家相关企业获得政府补贴，以低于成本的价格在美国进行倾销，要求美国政府向我国出口美国的光伏产品征收100%的反倾销和反补贴关税，导致我国光伏行业陷入困境。

2013年7月，国务院发布了《国务院关于促进光伏产业健康发展的若干意见》，标志着光伏产业重新崛起的大幕正式拉开，这对挽救逆境中的光伏产业具有重要意义。一系列优惠的光伏上网电价补贴政策发布后，国内光伏发电应用市场规模迅速扩大。

2017年，我国光伏发电新增装机容量达到53.06吉瓦，同比增长53.62%。截至2017年底，我国光伏发电累计装机容量达到130.25吉瓦，其中新增装机容量连续5年位居全球首位，累计装机容量也连续3年位居全球第一。

2018年5月31日，国家发展改革委、财政部、国家能源局联合下发《关于2018年光伏发电有关事项的通知》。通知指出，自文件发布之日起，新投运的光伏电站标杆上网电价统一降低0.05元/千瓦时。其中，Ⅰ类、Ⅱ类、Ⅲ类资源区标杆上网电价分别调整为0.5元/千瓦时、0.6元/千瓦时、0.7元/千瓦时（含税）。此外，自文件发布之日起，新投运的、采用"自发自用、余电上网"模式的分布式光伏发电项目，全电量度电补贴标准降低0.05元，即补贴标准调整为0.32元/千瓦时（含税）。

据最新报道，PSCs的光电转换效率已经达到25.7%，这一重大突破再次证明了太阳能电池技术的迅猛发展。随着科研人员的不懈努力和探索，相信太阳能电池技术将继续取得更多的突破性成果，为未来的能源发展提供更广阔的视野。

太阳能电池的研究经历了从最早的光伏效应的发现到单晶硅太阳能电池的出现，再到如今各种新型太阳能电池的发展。这些不断突破的科研成果表明了人类对可再生能源探索的决心和智慧，也为未来的能源革命提供了强大的支持。

3.2　有机太阳能电池材料的组成

有机太阳能电池材料主要由有机染料、共轭聚合物、叶绿素模拟物等光敏物质组成，它们能够吸收太阳光并转化为电能。这些材料具有高光电转换效率、易于合成、低成本等优点，是当前太阳能电池领域研究的热点之一。当太阳光从衬底一侧进入器件后，有机光活性层吸光产生激子，激子分离成为自由电子和空穴，电子和空穴分别输送到阴极和阳极并被电极收集，即可在外电路中产生电流。

3.2.1 常用的有机太阳能电池材料

3.2.1.1 有机小分子材料

有机小分子材料在有机太阳能电池中占据核心地位，其共同特点是拥有共轭二电子的电子结构。这些材料包括菁、酞菁、亚酞菁、卟啉及C_{60}等，它们在小分子协同作用下形成电流，为太阳能电池的实际应用提供了坚实的保障。这些有机小分子材料在有机太阳能电池中发挥着重要的作用。

这些有机小分子材料之所以受到广泛应用，主要归因于它们独特的性质。首先，这些小分子材料通常具有较高的吸光系数，这意味着它们能够吸收大量的太阳光，从而产生更多的激子。激子是光能转化为电能的载体，其数量越多，太阳能电池的效率就越高。其次，这些小分子材料具有良好的电荷传输性能。在太阳能电池中，激子分离后需要有效地传输电荷，以便在电极上收集并产生电流。这些有机小分子材料具有较高的电子和空穴迁移率，能够快速地将电荷传输到电极上，从而提高太阳能电池的效率。此外，这些有机小分子材料还具有良好的可加工性。在制造太阳能电池时，需要将这些材料制成薄膜并均匀地涂敷在电极上。这些有机小分子材料通常具有较低的熔点，容易进行热处理和溶液加工，从而使得制备过程更加简便和高效。

近年来，为满足不断发展的应用需求，新型有机太阳能电池材料不断涌现。例如，低聚体（oligomer）、枝状分子（dendritner）和液晶材料等。这些新型材料旨在提高材料稳定性、增加光谱响应范围或提高材料导电性。

3.2.1.2 有机大分子材料

有机大分子电池材料是一类重要的有机太阳能电池材料，其中包括富勒烯衍生物、聚噻吩及其衍生物、聚苊及其衍生物、含氮共轭聚合物、聚对亚苯基亚乙烯及其衍生物等。这些材料在太阳能转换领域具有广泛的应用前景。

富勒烯衍生物是一类重要的有机大分子电池材料，由于其独特的电子结构和优异的光电性质，被广泛应用于太阳能电池、光电探测器、场效应晶体管等领域。富勒烯衍生物在太阳能电池中作为电子传输层和光敏层，能够有效地将光能转化为电能。此外，富勒烯衍生物还可以通过化学修饰来改变其光电性质，进一步提高太阳能电池的效率。

　　聚噻吩及其衍生物也是一类重要的有机大分子电池材料，具有良好的电子传输性能和稳定的光电性质。聚噻吩衍生物在太阳能电池中作为电子传输层和光敏层，能够有效地将光能转化为电能。此外，聚噻吩衍生物还可以通过与其他共轭聚合物或小分子材料复合来提高太阳能电池的效率。

　　聚苊及其衍生物、含氮共轭聚合物、聚对亚苯基亚乙烯及其衍生物等也是一类重要的有机大分子电池材料，它们在太阳能电池中作为电子传输层和光敏层，能够有效地将光能转化为电能。这些材料具有良好的电子传输性能和稳定的光电性质，并且可以通过化学修饰来改变其光电性质，进一步提高太阳能电池的效率。

3.2.1.3　D-A二元体系

　　D-A体系材料在有机太阳能电池中占据核心地位，其结构形式为互渗双连续网络结构。这种结构由电子给体（D）和电子受体（A）在薄膜中相互渗透形成，从微观角度来看是无序的。通过将给体和受体材料混合在一起，经过热处理或溶剂蒸发等方式制备，形成一种特殊的网络结构。这种结构使D-A体系材料能够有效地将太阳光转化为电能，并具有良好的电荷传输性能和稳定性。此外，通过改变给体和受体的组成和比例，可以调节D-A体系材料的能带结构和光电性质，进一步提高太阳能电池的效率。

　　共轭聚合物C_{60}是通过物理复合手段形成的微相分离互渗双连续网络结构。然而，这种结构对复合膜形态非常敏感，可能导致一定的结构缺陷，有时会出现两相分离的区域，从而降低电荷分离效率。为了克服这些缺陷，研究者们通过共价键将给体和受体连接，简单地获得了微相分离的互渗双连续网络结构，并开发出基于单一有机化合物的OPV器件。随着科技的不断进步和应用需求的不断增长，相信会有更多的D-A体系材料被发现和开发出来，为可再生能源的发展和环境保护做出更大的贡献。

3.2.1.4　叶绿素模拟材料

常用的有机太阳能电池材料包括小分子太阳能电池材料、大分子太阳能电池材料、D-A体系材料和有机无机杂化体系材料。在这些材料中，叶绿素模拟材料是一种重要的有机太阳能电池材料。叶绿素是一类存在于绿色植物中的光合色素，具有吸收光能并将其转化为化学能的作用。叶绿素模拟材料的设计灵感来源于叶绿素分子，它们具有与叶绿素相似的结构特征和光电性质。这些材料在有机太阳能电池中作为光敏层，能够有效地吸收太阳光并转化为电能。

叶绿素模拟材料的优点在于它们具有较高的光电转换效率和稳定性，同时还可以通过化学修饰来改变其光电性质，进一步提高了太阳能电池的效率。此外，叶绿素模拟材料还可以与其他有机太阳能电池材料复合，形成具有优异性能的太阳能电池。

除了叶绿素模拟材料外，还有一种名为C-P-Q的化合物。这个化合物中的卟啉环能够吸收太阳光并将电子转移到受体苯醌环上。此外，胡萝卜素也能吸收太阳光，将电子注入到卟啉环中。这样，正电荷集中在胡萝卜素分子上，负电荷集中在苯醌环上，电荷分离态的存在时间长达4毫秒。由于卟啉对太阳光的吸收能力远大于胡萝卜素，如果将这种分子制成极化膜附着在导电高分子膜上，就可以将太阳能转化为电能。根据A. M. Marks等人的理论计算，这种塑料薄膜光电池可以将太阳光的60%～80%转化为电能。尽管这一设计目前还只是理论模型，在技术实现上存在不小的难度，但它为太阳能电池的研究和发展提供了新的思路。

3.2.2　有机太阳能电池结构

有机太阳能电池的结构通常包含以下几个层次：透明导电玻璃基板、金属导电层、有机半导体薄膜、接触层和金属电极。其中透明导电玻璃基板和金属导电层用于搭建电路，有机半导体薄膜是能够吸收太阳光能并将其转化为电能的关键层，接触层用于增加有机半导体薄膜和电极的接触面积，从而提高电池的效率，金属电极用于导出电流。具体来说，有机太阳能电池的光电转换过程如下：当太阳光照射到有机半导体薄膜上时，光子被吸收并产生激子（电子–空穴对）。激子通过内建电场被分离成自由电子和空穴，最后被电极收集输出到外电路形成光电流。另外，有机太阳能电池的结构还可以分为单层结构和双层异质结结构等。单层结构由单一的有机半导体材料夹在阴阳电极之间构成，而双层异质结结构则是由两种不同的有机半导体材料组成的双层膜，通过模拟自然界中叶绿素的结构来实现光电转换。

3.2.2.1　单质结结构有机太阳能电池

单质结结构有机太阳能电池是以Schotty势垒为基础制作的电池，其结构包括玻璃基底、金属阳极、有机层和金属电极。利用两个电极的功函差异，产生一个电场，促使电子从低功函的金属电极传递到高功函电极，从而产生光电流。然而，这种电池的缺点在于电子和空穴在同一材料中传输，复合几率较高，导致光电转换效率普遍较低。为了提高效率，研究者们对有机材料进行掺杂和表面处理，如使用低串联电阻和小覆盖面的金属作为前电极，以获得更大的填充因子和更高的光电流。尽管单质结有机太阳能电池的研究历史较长，但仍然存在许多挑战和需要进一步研究的问题。

除了上述提到的掺杂和表面处理等方法，还有一些其他策略可以用来提高单质结结构有机太阳能电池的效率。例如，优化有机材料的光吸收和电荷传输性能，开发新型的有机染料和聚合物材料，以及研究不同电极和界面层的组合对电池性能的影响。

此外，单质结结构有机太阳能电池的稳定性也是一个重要的研究问题。由于有机材料容易受到环境条件的影响，如氧气、水分子等，这可能导致电池性能的下降。因此，开发具有高稳定性的有机材料和保护层也是当前研究的重点之一。

另外，单质结结构有机太阳能电池的规模化和生产成本也是商业化应用需要解决的问题。虽然这种电池具有低成本和可弯曲等优点，但要实现大规模生产和降低成本，还需要进一步地研究和开发。

3.2.2.2　双层异质结有机太阳能电池

双层异质结有机太阳能电池，也称为p-n异质结电池，是利用两种不同的有机半导体材料分别作为阳极和阴极的活性层，形成平面型的D/A界面。这种电池通过引入电子受体材料和给体材料，有效提高了活性层中激子的分离效率，并提供了载流子传输的通道。双层异质结电池的光电转换性能主要取决于两种聚合物材料在界面处的相互作用，而非电极与聚合物材料的接触。

在双层异质结电池中，电子给体与受体材料界面处的超快速光诱导电荷转移过程是提高电池效率的关键。这一过程能够显著提高器件的效率，减少自由电荷的重新复合，提高激子的分离效率。与单层电池相比，双层异质结电池的优点在于同时提供电子和空穴传输材料，减少了激子复合的机会，扩大了D/A界面面积，从而提高了光电转换效率。此外，通过合理选择聚合物材料，可以制造出对宽光谱范围有响应的器件。

然而，双层异质结电池也存在局限性。由于激子的分离主要发生在D/A界面附近，远离界面的激子可能在到达异质结界面之前就已复合。此外，较小的电荷分离区域限制了吸收光子的数量，因此这类太阳能电池的光电转换效率仍有待提高。增加D/A界面的面积是提高电池转换效率的重要方向之一。

双层异质结有机太阳能电池的制备方法包括液相沉积和气相沉积等。液相沉积方法可以通过旋涂、喷涂、刮刀涂布等方式将有机半导体材料涂布在电极上，而气相沉积方法则可以通过化学气相沉积、物理气相沉积等方式在电极上形成有机半导体薄膜。尽管双层异质结有机太阳能电池的研究已经取得了一定的进展，但仍需要进一步地研究和开发来提升其性能和应用前景。

3.2.2.3　体相异质结有机太阳能电池

体相异质结有机太阳能电池是一种利用给、受体材料共混形成光电转换活性层的太阳能电池。这种活性层由两种材料形成，它们相互交错，形成一个双连续、互相贯穿的网络结构。这种结构极大地增加了给、受体的接触面积，并减小了激子的扩散距离，从而提高了能量转换效率。

体相异质结有机太阳能电池的活性层由给、受体材料混合形成，这种混合可以使两种材料在较厚的活性层中保持接触，从而更好地实现电荷分离和传输。然而，在实际制备过程中，给、受体材料的相容性、混合比例、加工条件等因素都会影响活性层的质量和电池的性能。因此，为了实现最佳的电荷分离和传输，需要微调和平衡处理条件，例如给受体量比、处理溶剂和添加剂、热退火以及溶剂退火等。

体相异质结有机太阳能电池的优势在于其独特的结构和性能。它通过共混形成光电转换活性层，可以增加给、受体的接触面积，减小激子的扩散距离，从而提高能量转换效率。此外，体相异质结有机太阳能电池还具有柔性和可卷对卷制造的优点，这使得它在可穿戴设备和便携式电子产品等领域具有广泛的应用前景。

为了解决单异质结器件中D/A界面面积有限，无法有效利用光吸收形成激子的问题，人们提出了体相异质结结构，也称为p-n本体异质结太阳能电池。采用体相异质结结构可以增加器件D/A界面的面积，从而提高器件效率。然而，由于体异质结薄膜的微观结构不均匀，相分离是不连续的，实际上，互穿网络的微观结构是无序的，两种组分可能以孤岛的形式存在，网络之间存在大量缺陷，这阻碍了电荷的分离和传输。此外，由于受载流子传输特性的限制，体相异质结太阳能电池对材料的形貌、颗粒的大小较为敏感，因此填充因子相应较小。

因此，形成双向连续、相互贯穿的有效体异质结网络，成为进一步提高体相异质结构太阳能电池效率的限制因素。未来，随着有机太阳能电池技术的不断进步和应用领域的拓展，体相异质结有机太阳能电池将会发挥更加重要的作用。

3.2.2.4　叠层结构有机太阳能电池

叠层结构有机太阳能电池可以分为两种主要类型：两电极叠层电池和四电极结构。四电极叠层电池中，各个子电池独立工作，优点在于器件制备工艺相对简单，对子电池之间的工艺兼容性要求较低，且光谱匹配较容易实现。然而，四电极叠层电池的难点在于透明电极的制备，因为需要在敏感的活性层材料上沉积透明电极，这可能会破坏活性层，且为了保持高导电性，透明电极需要一定厚度，这会增加光吸收，影响器件效率。

叠层（级联）结构则是通过串联方式将两个或多个器件单元组合，这种结构有助于拓宽吸收光谱的范围，提高太阳能电池的开路电压和能量转换效率。这种结构解决了单一材料吸收范围有限的问题，通过利用不同材料的不同吸收范围，增加对太阳光谱的吸收，提高效率和减少退化。叠层结构电池的开路电压通常比单一子单元结构的开路电压要高，但光生电流成为限制其转换效率的主要因素。为了提高叠层电池的转换效率，关键在于合理选择各个子单元器件的能隙宽度和厚度，并确保它们之间的欧姆接触。总的来说，叠层结构有机太阳能电池是提高光能利用效率和转换效率的有力手段，通过优化材料选择和器件结构设计，未来有望实现更高的光电性能和实际应用价值。

3.2.2.5 分子D-A结构有机太阳能电池

分子D-A结构有机太阳能电池是一种利用给受体材料共混形成光电转换活性层的太阳能电池。其结构中，给受体材料通过共轭连接单元相互连接，形成一个D-A型分子结构。这种结构能够调控给受体基团间的电荷转移态强度，降低材料的光学带隙，拓宽光谱吸收范围。

在分子D-A结构有机太阳能电池中，合理选择给受体基团可以调控材料的HOMO和LUMO能级，增强材料的空气稳定性，实现作为给体材料的D-A型小分子与受体材料富勒烯及其衍生物HOMO和LUMO能级之间良好的能级匹配。通过调整给受体基团及给受体基团间的共轭连接单元，可以进一步调控给受体基团间的电荷转移态强度，降低材料的光学带隙，拓宽光谱吸收范围。

同时，为了解决结构中电荷的分离与传输问题，研究人员通过加大研究力度，以共价键的形式实现给体与受体的连接，获取到处于微相分离状态的网络结构，从而形成新型有机太阳能电池材料——D-A体系材料。这种材料能够有效弥补混合异质结薄膜在网络结构上存在的大量缺陷，对于促进器件效率的提升有着积极的推动作用。

在器件中应用D-A体系材料，对于促进器件效率的提升有着积极的推动作用。以往混合材料会影响到传输电能的结构，借助D-A体系材料能够改善这一情况，最大限度地降低在电量方面的损失，显著提升太阳能电池的使用性能及工作效率。

3.2.2.6 多层结构有机太阳能电池

多层结构有机太阳能电池是利用多层结构来提高光能利用效率和转换效率的一种有效手段。这种电池通常包括活性层、阴极界面层和阳极界面层，其中界面层主要用于改善电荷的提取，从而提高器件的效率。

在实际应用中，最常见的多层结构是堆叠式结构和正反型异质结构。堆叠式结构的有机太阳能电池中，多个光吸收层垂直叠加，每个光吸收层吸收不同波长范围的太阳光。正反型异质结构的有机太阳能电池中，光吸收层和电子传输层通过中间的隔离层分割开，可实现更高的光电转化效率。

双层平面异质结有机太阳能电池是其中的一个重要类型。这种电池利用太阳光直接发电，其特点是电极之间插入两层有机材料，一层为p型材料，另一层为n型材料。通过引入电子受体材料和给体材料，可以进一步提高有机太阳能电池活性层材料中激子分离效率。

为了解决单异质结器件中D/A界面面积有限、无法有效利用光吸收形成激子的问题，人们提出了体相异质结结构，也称为p-n本体异质结太阳能电池。这种结构可以增加器件D/A界面的面积，从而提高器件效率。然而，由于体异质结薄膜的微观结构不均匀，相分离是不连续的，实际上的微观结构是无序的，这阻碍了电荷的分离和传输。

多层结构有机太阳能电池的设计理念是将光吸收过程和载流子的传输过程进行有效的分离。这种结构通过精心设计，使得染料能够更有效地吸收光子，并将吸收的光能转化为电能。然而，其也存在一些局限性，如内量子效率相对较低，仅为10%，导致总能量转化效率远低于1%。

尽管多层结构有机太阳能电池的效率不高，但由于其生产成本低、实用性强，因此在太阳能电池领域仍具有很大的研究价值。通过进一步的研究和优化，多层结构有机太阳能电池有望在未来的能源应用中发挥更大的作用。

3.3 　染料敏化太阳能电池

染料敏化太阳能电池是一种新型的太阳能电池技术，以其独特的结构、高效的光电转换性能和较低的成本受到广泛关注。其发展历程中，科学家们不断优化电池组件和材料，提高光电转换效率和稳定性。染料敏化太阳能电池具有许多特点，如制备工艺简单、成本低廉、适应性强等，使其在可再生能源领域具有广阔的应用前景。通过不断的研究和创新，染料敏化太阳能电池将继续为可再生能源的发展作出重要贡献。

3.3.1 　染料敏化太阳能电池组件结构

染料敏化太阳能电池组件结构包括导电基底、纳米多孔半导体薄膜、染料敏化剂、氧化还原电解质、对电极。通过组合这些组件，染料敏化太阳能电池能够实现太阳能光能到电能的高效转换。这种电池具有制备工艺简单、成本低廉、适应性强等优点，因此在可再生能源领域具有广阔的应用前景。

3.3.1.1 　导电基底

这是染料敏化太阳能电池的基础结构，通常使用透明导电玻璃作为基底，如氧化锡（SnO_2）涂覆在玻璃上。导电基底可作为电子传输的通道，同时具有透明性，允许太阳光透过。导电基底是染料敏化太阳能电池中一个关键的组成部分，其质量和性能直接影响着整个电池的光电转化效率和稳定性。通过不断的研究和创新，科学家们致力于优化导电基底的性能，以进一步提升染料敏化太阳能电池的应用前景。

导电基底在染料敏化太阳能电池中扮演着至关重要的角色。作为电池的基础结构，它不仅需要承受和固定其他组件，还需要有效地传输电子并保持透明度，以便太阳光能够顺利地照射到电池内部。

通常，导电基底使用透明导电玻璃，如氧化锡（SnO_2）涂覆在玻璃上。这种选择是因为导电玻璃具有较高的电导率和可见光透射率，能够满足染料敏化太阳能电池的工作需求。在制备过程中，通常先将氧化锡纳米颗粒分散在溶剂中，然后涂覆在玻璃表面，经过高温处理后形成一层均匀的导电膜。

除了材料选择外，导电基底的表面结构也对电池的性能产生影响。表面粗糙度、孔隙率等因素都会影响到染料分子的附着和电子传输。因此，为了提高电池的光电性能，需要精心设计导电基底的表面结构。

3.3.1.2　纳米多孔半导体薄膜

这是染料敏化太阳能电池的光阳极，通常由金属氧化物（如TiO_2、SnO_2、ZnO等）构成。这种薄膜一般是用纳晶微粒涂覆在导电玻璃表面，在高温条件下烧结而形成多孔电极。这种多孔的结构可以增加表面积，提高染料吸附的效果，从而提高光电转化效率。纳米多孔半导体薄膜在染料敏化太阳能电池中发挥着关键作用，其性能直接影响着电池的光电转化效率和稳定性。因此，对于这种薄膜的制备和改性研究是提高染料敏化太阳能电池性能的重要途径。

纳米多孔半导体薄膜是染料敏化太阳能电池中的核心部分，作为光阳极发挥作用。这种薄膜通常由金属氧化物（如TiO_2、SnO_2、ZnO等）构成，通过特定的制备工艺形成多孔结构。

制备纳米多孔半导体薄膜的方法有多种，常见的是溶胶-凝胶法。这种方法是将金属氧化物前驱体溶液涂覆在导电玻璃上，经过干燥和热处理，形成多孔的半导体薄膜。在热处理过程中，前驱体发生凝胶化并进一步烧结，形成纳米级别的孔洞和颗粒。

这种多孔的结构具有高度的比表面积，可以提供更多的表面吸附位点，增强染料分子的附着能力。同时，这种结构还有利于电子的传输和分离，促进光生电子从染料向导电基底的传输。

除了材料选择和制备工艺外，纳米多孔半导体薄膜的表面改性也是一项重要的研究内容。通过表面修饰和功能化，可以进一步增强染料分子与薄膜表面的相互作用，提高光电转化效率。

3.3.1.3 染料敏化剂

这是一种特殊的染料，它可以吸收太阳光并转化为电能。染料敏化剂被吸附在纳米多孔二氧化钛膜面上，通常由染料分子和导电剂组成。染料分子的主要作用是吸收太阳光，并将光能转化为电能。常用的染料有天然染料如叶绿素、人工合成的有机染料等。导电剂的作用是与染料分子共同参与电子传输，促进电荷的注入和传输。

染料敏化剂是染料敏化太阳能电池中的重要组成部分，负责吸收太阳光并将其转化为电能。这种特殊的染料被吸附在纳米多孔二氧化钛膜面上，通过与导电剂的协同作用，实现电子的传输和电荷的分离。

染料分子在染料敏化剂中起着主要的作用，它们能够吸收太阳光并把光能转化为电能。为了有效地吸收太阳光，染料分子通常具有特定的能级结构和光学特性。常用的染料包括天然染料如叶绿素和人工合成的有机染料。这些染料能够吸收可见光和近红外光的波段，并具有较高的吸光系数和稳定性。

除了染料分子外，导电剂也是染料敏化剂的重要组成部分。导电剂的作用是与染料分子共同参与电子传输，促进电荷的注入和传输。通过与染料分子的相互作用，导电剂能够提供一条有效的电子传输通道，降低电子注入到导电基底的势垒，从而提高光电转换效率。

为了优化染料敏化剂的光电性能，科学家们不断研究和开发新型的染料和导电剂。通过分子设计和技术创新，新型的染料敏化剂具有更高的光电转换效率和稳定性，进一步提高了染料敏化太阳能电池的性能。

3.3.1.4 氧化还原电解质

这是染料敏化太阳能电池中的重要组成部分，通常由有机溶剂和盐组成，如甲基异丙基酮（MEK）和碘盐（I^-/I_3^-）。电解质的主要功能是提供离子传输的通道，维持染料分子的稳定性，并且充当电子输运介质。

氧化还原电解质在染料敏化太阳能电池中扮演着至关重要的角色。作为电池中的重要组成部分，它承担着传输离子的任务，维持染料分子的稳定性，并作为电子输运介质。

通常，氧化还原电解质由有机溶剂和盐组成。其中，有机溶剂如甲基异丙基酮（MEK）为电解质提供必要的离子传输通道，使离子能够在其中自由移动。而盐如碘盐（I^-/I_3^-）在电解质中起到氧化还原的作用，为电池提供电子转移的介质。

在染料敏化太阳能电池中，氧化还原电解质的作用非常关键。它不仅维持了染料分子的稳定性，防止其在光阳极表面发生光降解，还提供了电子从染料层传输到光阳极的通道。通过与导电基底和染料敏化剂的相互作用，氧化还原电解质确保了电子的有效分离和传输，提高了电池的光电转化效率。

为了优化氧化还原电解质的功能，科学家们不断探索新型的有机溶剂和盐组合。通过调整溶剂的极性、黏度，以及盐的氧化还原性质，可以进一步增强电解质的离子传输能力、氧化还原活性和稳定性。

氧化还原电解质在染料敏化太阳能电池中起到了至关重要的作用。通过不断的研究和创新，科学家们致力于开发高效、稳定的氧化还原电解质，以推动染料敏化太阳能电池的发展和应用。

3.3.1.5　对电极

对电极位于染料敏化太阳能电池的顶部，通常是由铂（Pt）或碳（C）等导电材料构成。对电极的主要作用是收集电子，将其输送到外部电路中。

对电极在染料敏化太阳能电池中扮演着重要的角色，其主要作用是收集并传输电子。位于电池顶部的对电极通常由高导电性的材料构成，如铂（Pt）或碳（C）。这些材料具有优良的电子传输性能和稳定性，能够确保电子从光阳极顺利传输到外部电路。

对电极的设计和优化对于提高染料敏化太阳能电池的性能至关重要。一个高效的对电极需要具备以下特性：良好的导电性、与电解质相容性、优异的抗腐蚀性和稳定性。为了满足这些要求，科学家们不断探索新型的电极材料和制备工艺。

除了材料选择外，对电极的表面结构和形貌也会影响其电子收集和传输性能。通过控制电极的表面粗糙度、孔隙率和薄膜厚度等参数，可以进一步优化对电极的性能。

此外，对电极与光阳极的接触面积也是影响电池性能的关键因素之一。一个良好的接触面积可以确保电子从光阳极有效地传递到对电极，降低电子的传输阻力，提高电池的整体效率。

3.3.2　染料敏化电池的工作原理

染料敏化电池的工作原理是利用染料分子在可见光范围内吸收光子激发电荷，然后将电荷注入到 TiO_2 电极上，进而形成电流。具体来说，在染料敏化太阳能电池中，染料分子吸收太阳光后从基态跃迁到激发态，然后向二氧化钛的导带注入电子，染料成为氧化态的正离子。同时，电子通过外电路形成电流，到达对电极。在这个过程中，电解质中的氧化剂与对电极接触并得到电子而发生还原反应，形成一个完整的循环。

染料敏化电池的独特之处在于其模仿光合作用原理，具有类似三明治的结构。将纳米二氧化钛烧结在导电玻璃上，再将光敏染料镶嵌在多孔纳米二氧化钛表面形成工作电极。在入射光的照射下，镶嵌在纳米二氧化钛表面的光敏染料吸收光子，跃迁到激发态，然后向二氧化钛的导带注入电子。染料成为氧化态的正离子，电子通过外电路形成电流到达对电极，染料正离子接受电解质溶液中还原剂的电子，还原为最初染料。而电解质中的氧化剂扩散到对电极得到电子而使还原剂得到再生，形成一个完整的循环。

在整个过程中，表观上化学物质没有发生变化，而光能转化成了电能。这种电池具有原材料丰富、成本低、工艺技术相对简单等优点，因此在可再生能源领域具有广阔的应用前景。

3.3.3　染料敏化电池的生产工艺

在BIPV领域，透明的染料敏化电池得到了广泛应用。这种电池的两层透明导电玻璃分别作为阳极和阴极，经过严格的层压封装，确保其具有较长的寿命。由于能够承受强烈的太阳光照和高温环境，这种电池成为温带和热带地区的理想选择。

染料敏化电池的制造过程主要包括以下五个主要步骤，适用于大规模生产。

（1）对TCO进行激光刻划、打注人孔和清洗。阳极盖板的TCO需要打注入孔，以便后续注入染料和电解液。

（2）在阴极盖板的TCO上印刷、脱水、退火纳米晶TiO_2、催化剂、金属网格和玻璃熔块。通过这种方式，可以在阴极盖板上制备出$8\mu m$的光学透明薄膜。经过退火处理，纳米晶TiO_2相互键联，晶界减少，体积收缩，密度增加，与导电玻璃的电接触和机械连接更加紧密。

（3）将阴极盖板和阳极盖板熔合，并注入染料和电解液。将Ru染料溶解在乙醇溶剂中，通过阳极盖板的注入孔注入退火后的电极。随着乙醇的挥发，染料被掺杂在TiO_2表面。在适宜的温度下加热数小时，确保染料充分掺杂。

（4）封装、接电极并进行测试。封装和接电极时，需确保各种接触产生的串联电阻最小。对染料敏化电池进行测试，在$1000W/m^2$的光照下，得到开路电压0.6~0.7V，短路电流密度$8\sim12mA/cm^2$。

（5）通过串联和并联多个染料敏化电池单元，用防紫外的EVA或PVB进行层压封装，可以得到12V或24V的标准电池组件，转换效率达到5%~7%，尺寸可达$600mm\times900mm$。

由于光吸收和载流子分离主要发生在材料界面上，对材料中的杂质和制备过程的纯净度要求相对不那么严格。这种电池可以采用非真空、接近室温的设备生产，如丝网印刷、溅射、模压或卷对卷工艺。

由于制备工艺相对简单，染料敏化电池适合大规模、低成本的自动化流水线作业。G24 Innovation的卷对卷自动化流水线可以在短时间内高效生产出大量的染料敏化电池。这种生产方式为实现大规模应用提供了有力支持。

3.4 聚合物太阳能电池

聚合物太阳能电池是一种利用聚合物材料作为光活性层的太阳能电池。随着材料科学的进步，聚合物太阳能电池的发展迅速，逐渐成为可再生能源领域的研究热点。与传统的硅基太阳能电池相比，聚合物太阳能电池具有成本低、可弯曲、可溶液加工等优点。通过不断优化聚合物材料的光电性能和结构，以及改进电池的制备工艺，聚合物太阳能电池的光电转化效率得到不断提高。同时，聚合物太阳能电池还具有可与其他能源系统集成应用的潜力，如光电建筑一体化、光伏与储能系统等。未来，随着聚合物太阳能电池技术的不断成熟和成本的降低，它有望在可再生能源领域发挥越来越重要的作用。

3.4.1 聚合物太阳能电池的结构

聚合物太阳能电池的结构具有简单、成本低、重量轻、可制备成柔性器件等突出优点，因此近年来成为国内外研究的热点。根据不同的结构，聚合物太阳能电池可以分为单层结构、双层异质结结构、本体异质结结构和叠层电池等类型。其中，双层异质结结构和本体异质结结构是目前研究最广泛的聚合物太阳能电池结构。聚合物太阳能电池的结构一般由以下几个部分组成。

3.4.1.1 阳极

阳极是聚合物太阳能电池中一个非常重要的组成部分，其性能直接影响着电池的光电性能和能量转换效率。选择适合的阳极材料是提高聚合物太阳能电池性能的关键之一。阳极在聚合物太阳能电池中扮演着重要的角色。作为电池的入口，阳极需要能够有效地将光导入电池内部并传输电子。通常，阳极是透明导电的氧化物，如ITO（氧化铟锡），它具有较高的光学透明度和电导率，能够满足这一需求。

ITO作为阳极材料具有许多优点。首先，它具有较高的光学透明度，能够让大部分入射光进入电池内部，从而提高光能利用率。其次，ITO具有优良的电导率，能够有效地传输电子，降低电子在传输过程中的损失。此外，ITO还具有良好的化学稳定性和热稳定性，能够在各种环境和条件下保持稳定的性能。

除了ITO外，还有其他一些材料可以作为聚合物太阳能电池的阳极，如AZO（氧化铝锌）等。这些材料都具有不同的光学和电学性质，可以根据具体的应用需求选择适合的材料。

3.4.1.2 光活性层

这是电池中最关键的部分，通常由共轭聚合物和富勒烯衍生物的共混膜组成。光活性层在光照条件下产生电子空穴对，电子被阴极接收，空穴被阳极接收。光活性层是聚合物太阳能电池中最关键的部分，因为它是实现光电转换的场所。通常，光活性层由共轭聚合物和富勒烯衍生物的共混膜组成。共轭聚合物在光照条件下能够吸收光子并产生激子（电子–空穴对），而富勒烯衍生物作为电子受体材料，能够接受共轭聚合物中的电子，形成一个电势差，从而产生光生电压。

共轭聚合物是一种具有共轭结构的有机高分子化合物，具有优良的光电性能和导电性。在聚合物太阳能电池中，常用的共轭聚合物包括P3HT（聚3-己基噻吩）、PCBM（聚[4,8-二甲基-1,3,5,7-四氢化苯撑双烯并[cd]吡啶]）等。这些共轭聚合物在吸收光子后产生激子，激子在共轭聚合物中的迁移率较低，因此需要在共轭聚合物和富勒烯衍生物之间形成紧密的界面，以实现有效的电荷转移和分离。

富勒烯衍生物是一种具有特殊结构的有机化合物，具有多个共轭碳–碳双键和闭合的笼状结构。在聚合物太阳能电池中，常用的富勒烯衍生物包括PCBM、ICBA等。这些化合物能够接受共轭聚合物中的电子，形成电子给体–受体界面，从而实现有效的电荷转移和分离。

光活性层的厚度和组分的比例等因素都会影响电池的光电性能和能量转换效率。因此，优化光活性层的结构和组分是提高聚合物太阳能电池性能的关键之一。此外，还需要注意控制光活性层的形貌和结晶度等参数，以实现有效的电荷传输和分离。

3.4.1.3 阴极

阴极是聚合物太阳能电池中一个非常重要的组成部分，其性能直接影响着电池的光电性能和能量转换效率。因此，选择适合的阴极材料是提高聚合物太阳能电池性能的关键之一。

阴极在聚合物太阳能电池中起到接收并传输电子的作用，是电池的出口。通常，阴极由金属（如Al、Ag等）制成，因为金属具有较高的电子导电性，能够有效地接收并传输从光活性层传递过来的电子。

阴极材料的选取对聚合物太阳能电池的性能具有重要影响。一方面，阴极需要与光活性层有良好的界面接触，能够实现有效的电荷转移和分离。另一方面，阴极还需要具有一定的光学和电学性质，以保证电子能够顺利地传输出去。

除了金属材料外，还可以使用其他一些材料作为阴极，如碳材料（如石墨烯、碳纳米管等）和导电聚合物等。这些材料具有较高的电子导电性和化学稳定性，在聚合物太阳能电池中具有潜在的应用前景。

3.4.1.4 缓冲层

缓冲层是聚合物太阳能电池中一个重要的组成部分，通过优化其结构和性质，可以进一步提高电池的光电性能和能量转换效率。缓冲层通常位于阳极和光活性层之间，用来提高电池的性能。

缓冲层通常位于阳极和光活性层之间，主要作用是优化电池的性能。它能够提供适当的能级匹配，使电子更容易从阳极传输到光活性层，同时也能够改善阳极和光活性层之间的接触性质，促进电荷的传输和分离。

缓冲层的材料选择对于电池的性能至关重要。常用的缓冲层材料包括无机材料（如ZnO、TiO$_2$等）和有机材料（如PEDOT：PSS、P$_3$HT等）。这些材料具有不同的能级结构和导电性能，在实际应用中可以根据具体的需求选择适合的材料。

通过优化缓冲层的结构和性质，可以进一步提高聚合物太阳能电池的性能。例如，可以调节缓冲层的厚度和组分比例，以实现更好的能级匹配和电荷传输。此外，还可以通过改进缓冲层与阳极和光活性层之间的界面性质，提高电荷的分离和传输效率。

3.4.1.5　封装层

封装层是聚合物太阳能电池中一个不可或缺的组成部分，用来保护电池免受环境因素（如水、氧气等）的影响，通过合理地选择和制备封装层，可以提高电池的稳定性和可靠性，进一步拓展其应用范围。

封装层是聚合物太阳能电池中的重要组成部分，主要作用是保护电池免受环境因素的影响，如水、氧气、紫外线等。这些环境因素可能导致电池性能下降或损坏，因此封装层的作用至关重要。

常用的封装层材料包括聚合物材料、玻璃和金属等。这些材料需要具有良好的密封性能、耐候性能和稳定性，以确保电池能够长期稳定地工作。

除了保护电池不受环境因素影响外，封装层还可以提高电池的机械强度和稳定性，使其能够在各种实际应用场景中可靠地工作。同时，封装层还可以防止电池内部短路或漏电等情况的发生，进一步提高电池的安全性和可靠性。

在封装过程中，需要考虑各种因素，如材料的兼容性、密封性能、光学性能等。同时，还需要注意防止在封装过程中引入额外的压力或应力，以免对电池造成损害。

3.4.2　聚合物太阳能电池的工作原理

聚合物太阳能电池的工作原理基于光生伏打效应，即利用光照射到光敏材料上，使材料吸收光子并产生电子-空穴对。在太阳能电池中，这种电子-空穴对在半导体的异质结或金属半导体界面附近产生，进而分离和传输电荷。在聚合物太阳能电池中，聚合物作为光活性层，吸收光子后产生激子（电子-空穴对）。激子在聚合物中的迁移率较低，因此它们在聚合物中的扩散距离有限。

随后，激子迁移到聚合物给体/受体界面处，在那里激子中的电子转移给受体材料（如富勒烯衍生物）的最低未占有分子轨道（LUMO）能级，而空穴则保留在聚合物给体的最高占有分子轨道（HOMO）能级上。这种电子和空穴的分离产生了电动势，形成了光生电压。

在电池内部势场的作用下，被分离的空穴沿着聚合物给体形成的通道传输到正极，而电子则沿着受体形成的通道传输到负极。空穴和电子分别被相应的正极和负极收集后形成光电流和光电压，即产生光伏效应。

聚合物太阳能电池的结构通常由共轭聚合物给体和富勒烯衍生物受体的共混膜夹在透明导电电极（如ITO）和金属电极之间组成。这种结构具有制备过程简单、成本低、重量轻、可制备成柔性器件等突出优点，因此在近年来成为国内外研究的热点。

3.4.3　聚合物太阳能电池的应用

聚合物太阳能电池的应用领域非常广泛。由于其成本低、轻质、可塑性以及柔性等特点，使得它们在可穿戴能源设备、综合光伏建筑、光伏汽车等方向上有巨大的应用潜力。

（1）在智能电网方面，聚合物太阳能电池可以作为分布式能源系统的一部分，为智能电网提供可再生能源。由于其可塑性和柔性特点，可以方便地集成到各种形状和大小的设备中，为智能电网中的各种设备提供电力。由于其轻便、可折叠和可塑形的特点，在便携式能源领域也有很大的应用潜力，如为野外考察、登山等户外活动提供电力供应。

（2）在医疗领域，聚合物太阳能电池可以为医疗设备提供可再生能源。例如，在手术室中，可以为手术器械、照明设备等提供电力，降低对传统电力的依赖。此外，在偏远地区或发展中国家，聚合物太阳能电池可以为医疗设施提供可靠的电力供应，改善医疗条件。

（3）在航空航天领域，聚合物太阳能电池也有很大的应用潜力。由于航空航天设备的能源需求较高，聚合物太阳能电池作为一种高效、轻便的能源系统，可以为卫星、无人机等航空航天器提供持续的能源供应。

（4）聚合物太阳能电池还可以应用于农业领域。例如，在温室种植中，可以为灌溉系统、照明设备等提供可再生能源，这不仅可以降低农业生产的成本，还可以促进可持续农业的发展。

（5）随着智能城市和物联网的发展，聚合物太阳能电池可以为各种智能设备和传感器提供持续的能源支持。例如，可以将聚合物太阳能电池集成到路灯、交通信号灯、环境监测站等城市基础设施中，实现自供电和远程监控。

除了上述提到的应用领域，聚合物太阳能电池还有许多其他潜在的应用场景。

3.5 有机–无机钙钛矿太阳能电池

自钙钛矿太阳能电池问世以来，它便引起了科研人员的高度关注。随着研究的深入，其光电转换效率得到迅速提升，并不断刷新历史最高纪录。钙钛矿太阳能电池的优异性能足以与硅和其他成熟的薄膜技术相媲美，展现出强大的应用潜力。

3.5.1 钙钛矿太阳能电池材料概述

自2009年Miyasaka等发明第一代钙钛矿太阳能电池以来，其结构和效率不断得到优化。最初的器件结构与传统的染料敏化太阳能电池相似，活性层为钙钛矿材料。随后的研究不断优化了介孔层厚度、钙钛矿浓度以及处理二氧化钛表面的方法，使效率逐渐提高。此后，研究者们不断探索新的制备方法和材料体系以提高钙钛矿太阳能电池的效率和稳定性。

钙钛矿太阳能电池的结构主要分为正置（n–i–p）和倒置（p–i–n）两种。p–i–n结构电池的优势在于其电荷传输层主要来源于有机太阳能电池，因此可以通过简单的溶液处理制备，降低了工艺的温度和复杂度。与此相反，n–i–p结构电池的电子传输层通常采用n型TiO_2，需要高温烧结过程。尽管基于这两种结构的钙钛矿太阳能电池的效率都超过了22%，但无机和有机电子传输材料仍存在各自的局限性，制约了电池的发展。因此，科研人员开始探索新的方法以提高钙钛矿太阳能电池的效率和稳定性。

3.5.2 钙钛矿太阳能电池的制备

3.5.2.1 钙钛矿太阳能电池的电子传输层

在钙钛矿太阳能电池中，电子传输层主要由致密层和介孔层构成。致密层的主要功能是将电子传输至玻璃基底，并防止空穴与导电基底接触，从而避免短路问题。TiO_2和SnO_2是制备致密层的主要材料。目前应用最广泛的致密层材料是TiO_2纳米颗粒，可以通过多种方法制备，如四氯化钛水解、溶胶凝胶浸涂和旋涂等。为了制造高效率的钙钛矿太阳能电池，致密层需要足够致密和平整，并能够紧密地覆盖在玻璃基底上。同时，薄膜的厚度也不宜过大，因为过厚的薄膜会增加电阻，降低电子收集效率。

对于介孔结构的电池，介孔支架除了传输电子外，还可以负载钙钛矿光吸收层，促进钙钛矿晶体的生长。常见的介孔材料包括ZnO、ZrO_2、SnO_4和TiO_2等金属氧化物。其中，TiO_2纳米材料因其合适的带隙、简易的制备工艺和较长的电子寿命而在电池介孔层中得到广泛应用。据报道，TiO_2介孔层的形貌对钙钛矿光吸收层的结晶和孔隙填充有重要影响，因此科研工作者对其形貌进行了大量研究。

3.5.2.2　钙钛矿太阳能电池的空穴传输层

为了提高钙钛矿太阳能电池的稳定性和效率，人们通常会在钙钛矿和电极之间添加空穴传输材料。这些材料包括有机小分子、聚合物和无机晶体等，主要功能是将空穴有效地传输到电极中，同时阻止电子的传输，避免钙钛矿光吸收层与电极直接接触导致的猝灭现象。

在选择空穴传输材料时，需要特别注意其空穴迁移率高、疏水性好以及与钙钛矿能级的匹配度高等特性。同时，为了便于制备和降低成本，通常需要通过溶液法进行制备。

由于传统的空穴传输材料价格较高，科研工作者一直在寻找更低廉且稳定性更高的替代材料。这些新的材料有望进一步优化钙钛矿太阳能电池的性能和成本效益。

3.5.2.3　钙钛矿太阳能电池的光吸收层

钙钛矿光吸收层是钙钛矿太阳能电池的核心部分，其薄膜的形貌和质量对光电特性产生直接影响，包括载流子的分离和传输、光吸收性能以及激子扩散距离等。为了提高电池的光电转换效率，科研工作者对薄膜进行了多种优化方法的研究。

（1）双源气相法。双源气相法是一种在真空腔体内利用两种不同的反应物气相进行化学气相沉积成膜的方法。在制备过程中，首先将前驱体原料中的有机源（如CH_3NH_3I、CH_3NH_3Cl等）和无机源（如PbI_2、$PbCl_2$等）分别加热至气化状态。通过传感器精确控制这两种气体的蒸发速率，确保其在顶部旋转的基片台上均匀沉积。有机源分子与无机源分子在基体上发生反应，进而形成钙钛矿薄膜。

采用双源气相法制备的$CH_3NH_3PbI_3{-}xCl_x$材料展现出高覆盖率、出色的相纯度和结晶性。这使得电池能够实现较高的光电转换效率。在$PbCl_2$和CH_3NH_3I的反应过程中，研究人员发现，当$PbCl_2$的气流量较小时，会形成富含碘元素的钙钛矿；而当$PbCl_2$气流量增加时，则更倾向于形成富含氯元素的钙钛矿。

尽管双源气相法具有显著的优势，但其操作过程相当复杂。为了确保最佳的成膜效果，必须始终维持真空状态，并严格控制有机源和无机源的比例。这无疑增加了该方法的调控难度和成本。

（2）两步反应法。在两步反应法中，制备钙钛矿薄膜的过程分为两个主要步骤。第一步是通过溶液法，将无机前驱体配制成溶液，然后通过旋涂干燥的方式在基体上形成无机前驱体薄膜。第二步则是利用已经形成的固体前驱体膜进行化学反应，以实现钙钛矿薄膜的生成。

最早的两步反应法流程如下：首先，将无机前驱体配置成溶液，通过旋涂干燥的方法在基体上得到无机前驱体薄膜。接着，将有机前驱体加热至气化状态，气态的有机前驱体会与固态的无机薄膜发生气固反应，从而生成钙钛矿薄膜。这种方法相较于双源气相法，对有机和无机前驱体的比例要求有所降低。然而，该方法也存在一些局限性。由于其反应原理是在PbI_2表面形成一个晶核，然后以晶核为中心通过气固扩散反应逐渐生长成钙钛矿薄膜，这一过程相对较慢，需要超过4h才能使200nm厚的PbI_2薄膜完全反应。

另外一种改进的方法是在PbI_2固态膜层上，采用溶液法沉积CH_3NH_3I（MAI）薄膜。MAI膜的厚度可以通过溶液的浓度和沉积时间来有效控制。随后，通过基体加热并延长加热时间的方法促进PbI_2薄膜和MAI薄膜之间的完全反应。这种固固扩散反应不需要真空环境和前驱体加热气化，但反应得到的钙钛矿晶粒尺寸偏小（约300nm），大量的晶界会在电池内引入大量缺陷和复合中心，且长时间的加热会增加钙钛矿薄膜分解失效的风险。

为了解决这些问题并增加固固加热扩散反应后钙钛矿薄膜的晶粒尺寸，对反应后得到的$CH_3NH_3PbI_3$（$MAPbI_3$）在N,N-二甲基甲酰胺（DMF）蒸气氛围下进行了热处理。这使得钙钛矿晶粒明显增大，甚至达到了微米级别。此外，这种溶剂下退火的方法还有利于制备厚度超过1微米的钙钛矿薄膜。

（3）一步溶液法。与其他方法相比，一步溶液法是一种通过纯液相物理结晶反应制备钙钛矿薄膜的方法。其制备时通常将有机前驱体和无机前驱体按照一定配比混合在高沸点的极性溶剂中，形成澄清透明的钙钛矿前驱体溶液。然后将前驱体溶液滴加在基体上，通过旋涂控制钙钛矿薄膜的厚度。在干燥的过程中，利用溶剂蒸发实现溶液的过饱和、形核和生长，最终在基体上形成钙钛矿薄膜。通常情况下，一步溶液法制备的钙钛矿薄膜极易呈现对基体不全覆盖的树枝状结构。

为了实现一步溶液法薄膜的均匀、致密和全覆盖特征，研究者从多个方面进行了大量探索，包括材料成分、溶剂类型和溶液助剂等，但均未能取得理想的效果。研究表明，改变有机部分和无机部分的比率时，当PbI_2和CH_3NH_3I在DMF中的比例接近0.6∶1~0.7∶1时，钙钛矿薄膜的覆盖率较高；当前驱体中PbI_2和CH_3NH_3I的比例较高（>0.8∶1）时，薄膜呈现树枝状结构；当前驱体中PbI_2和CH_3NH_3I的比例较低（<0.6∶1）时，薄膜倾向于呈现片状结构。此外，溶解前驱体的溶剂也会对钙钛矿薄膜的生长动力学产生直接影响。

一步溶液法的核心在于通过溶液过饱和析出结晶的物理过程来制备钙钛矿薄膜。为了实现这一目标，我们应从物理过程的直接影响因素入手，进行细致的分析与控制。当基体温度从28℃提升至75℃时，溶液的干燥速度明显加快，这导致钙钛矿薄膜的覆盖率得到显著提高。

通过抽气降低溶剂分压的抽气法，将传统的基于分子布朗随机运动的慢速干燥过程转变为基于压差定向流动的快速干燥过程。通过控制抽气压力，我们可以有效调控钙钛矿前驱体液膜内的形核与生长之间的竞争关系。这不仅显著提高了溶液的干燥速度，还使得米量级的大尺寸全覆盖薄膜的可控备成为可能。

3.5.2.4 钙钛矿太阳能电池的其他功能层

1）电荷选择性吸收层

电荷选择性吸收层，位于钙钛矿薄膜的两侧，主要分为电子选择性和空穴选择性两种类型。电子选择性吸收层的主要功能是迅速提取钙钛矿薄膜中的光生电子，同时防止空穴通过；而空穴选择性吸收层则主要负责快速抽取钙钛矿薄膜内的光生空穴，同时防止电子通过。

（1）电子选择性吸收层。电子选择性吸收层位于钙钛矿薄膜与透明半导体汇流极之间，正向电池中，它位于钙钛矿薄膜和透明半导体汇流极之间；而在反向电池中，它位于钙钛矿薄膜和金属汇流极之间。在平面电池中，这一层通常为致密且极薄的，确保了与汇流极的全面接触，从而避免了钙钛矿薄膜或空穴选择性吸收层与汇流极的直接接触，防止了电池内部的复合。

极薄TiO_2薄膜是最常用的电子选择性吸收层。制备方法包括喷雾热解法、原位水解法、原子层沉积法和化学气相沉积等。但常用的制备方法需要500℃的退火以提高结晶性，这增加了电池工业化的成本，并且不利于电池的柔性化。对于不耐热的有机材料衬底，我们需要发展低温制备选择性吸收层的方法。通过湿化学法可以合成小尺寸TiO_2量子点，从而制备极薄且致密的TiO_2电子选择性吸收层。另外，也可以直接使用$TiCl$为原料，在全程低于150℃的条件下制备TiO_2致密电子选择性吸收层。然而，TiO_2的光催化作用可能导致钙钛矿薄膜降解，因此对TiO_2的表面修饰成为一个重要的研究方向。研究结果表明，对TiO_2表面进行SnO_2修饰可以有效抑制电子选择性吸收层内的深能级缺陷态，从而提高电池的光和湿度稳定性。

此外，ZnO材料也是一种常用的电子选择性吸收材料。与钙钛矿的导带和价带位置更匹配，保证了电荷的有效提取。同时，ZnO材料不需要高温烧结，更有利于工业化和柔性电池的发展。ZnO电子选择性吸收层可分为多孔形态和致密形态两类，其中致密形态的应用更为广泛。可以通过化学浴沉积、电镀沉积、磁控溅射和离子蒸镀等低温手段制备ZnO致密电子选择性吸收层。与TiO_2致密电子选择性吸收层相比，ZnO致密层的表面粗糙度更大，甚至完全掩盖了原始透明半导体汇流极的形貌。

（2）空穴选择性吸收层。空穴选择性吸收层在正向电池中位于钙钛矿薄膜与金属汇流极之间，而在反向电池中位于钙钛矿薄膜和透明半导体汇流极之间。应用于钙钛矿太阳能电池的空穴选择性吸收层可分为有机和无机两类。其中，有机空穴选择性吸收材料可以通过结构设计调整其表面性质和与钙钛矿材料之间的能级匹配，从而提高电池性能，因此得到了更广泛的应用。

Cu基空穴选择性吸收材料具有良好的可见光透过性、良好的有机溶剂溶解性，以及宽禁带的无机p型材料特性。Cu的氧化物是一类常见的p型半导体材料，主要通过晶体中存在的Cu离子空位显示出空穴传输特性，成为当前研究的热点。

碳浆作为一种成本更低且稳定性更好的空穴选择性吸收材料，可以通过简单的溶液法全印刷到电池表面。碳对电极所封装的电池不需要金属汇流极，为电池的工业化制备提供了基础支撑。然而，制备过程中浆料中的溶剂对钙钛矿薄膜有强烈的腐蚀作用，因此加速碳浆溶剂的干燥或者以对钙钛矿薄膜不溶解的丙二醇甲醚醋酸酯替代碳浆中经常使用的氯苯都可以有效保持钙钛矿薄膜的稳定性。

2）汇流传输层

汇流传输层可以分为透明和不透明两类，两者的共同作用在于传输从选择性吸收层传递过来的电荷。透明汇流传输层作为电池的窗口，使光线能够进入电池；而不透明汇流层则将照射到电池底部的太阳光反射回钙钛矿薄膜，从而更充分地利用太阳光。衡量透明汇流传输层的性能好坏主要看其透明性和导电性。常用的材料是FTO和ITO，它们具有良好的可见光透过能力，硬度大、耐磨损、电化学性能稳定。但因为SnO_2仅对玻璃和陶瓷有强附着力，所以FTO主要应用于硬质电池，而ITO则适用于柔性和硬质电池。当ITO被沉积在柔性基体上时，形成的透明半导体汇流极是ITO-PEN和ITO-PET。制备透明半导体汇流极的常用技术包括磁控溅射、喷雾热解、化学气相沉积和溶胶凝胶法。不透明导电汇流极常用的材料是Au和Ag，通常通过热蒸镀的方法将Au或Ag靶材加热并物理气相沉积到电池表面，形成Au或Ag膜汇流极。

3.5.3　钙钛矿太阳能电池的界面修饰

在钙钛矿太阳能电池中，存在多个关键界面，包括电子传输层/钙钛矿光吸收层、钙钛矿光吸收层/空穴传输层以及钙钛矿光吸收层本身等。这些界面的质量和能级匹配对电池性能产生重要影响，不完善的界面可能导致载流子的复合，降低光电转换效率。

目前，钙钛矿太阳能电池的电子传输层和钙钛矿（ETL/PVSK）之间的界面主要从以下三个方面影响器件性能：能级调控、钙钛矿层形貌控制以及器件稳定性。对于正置器件而言，这一步的界面工程是在钙钛矿薄膜形成之前进行的。Tan等研究者设计出一种简单而有效的界面钝化方法，这种方法处理的温度低于150℃，主要采用氯封端的TiO_2胶体纳米晶体（NC）薄膜作为电子传输层（ESL）。钙钛矿前体溶液中的气化物添加剂可以增强$MAPbI^{3-}$、Cl（MA，甲基铵阳离子，$CH_3NH_3^+$）在PSC中的晶界钝化效果。他们发现，TiO_2NCs上的界面Cl原子能够抑制钙钛矿界面处的深陷阱状态，从而减少了TiO_2与钙钛矿之间的界面复合接触。此外，界面Cl原子还能增强电子耦合效应和TiO_2与钙钛矿平面结处的化学结合。

在反式p-i-n结构中，PCBM等富勒烯衍生物常因其良好的溶解性和高电子迁移率而被用作电子传输材料。研究发现，随着空穴传输层的改进，电池的性能得到了显著提升。这表明，优化空穴传输层是提高钙钛矿太阳能电池效率和稳定性的关键因素之一。

为了提升钙钛矿电池的PCE和提高器件稳定性，科研工作者需要着重改进电池结构、使用新材料和优化钙钛矿薄膜形态。通过界面修饰和精确的界面工程，可以优化钙钛矿薄膜的形态，减少缺陷和晶界，提高PCE和稳定性。同时，还需要进一步研究和发展更有效的材料和制备方法，以形成连续、均匀的钙钛矿薄膜，实现更高的效率和更好的稳定性。

此外，为了改善界面，科研工作者引入了新的结构层对表面进行改性，从而提高太阳能电池的光电转换性能。例如，通过使用羧酸处理TiO_2电子传输层表面，可以促进电子的传输，并钝化表面深能级缺陷。此外，将金属氧化物（如TiO_2、Al_2O_3、MgO等）或富勒烯衍生物等材料制备在电子传输层表面，也有助于提高电子收集效率和抑制电子与空穴的复合。

钙钛矿光吸收层与空穴传输层之间的界面同样重要，它主要负责空穴的提取和分离。通过使用五氟碘苯修饰钙钛矿薄膜，可以消除负电荷的积累，提高电池性能和稳定性。另外，科研工作者还尝试在钙钛矿表面上修饰超薄的金属氧化物，以减少水氧的渗透并提高电池的化学稳定性。

为了减少钙钛矿光吸收层内部的缺陷，如晶界引起的载流子复合，人们采用混合溶剂制备钙钛矿，改善薄膜质量。此外，溶剂工程也被用于增大钙钛矿晶粒尺寸，使光生载流子更容易到达对电极，从而降低复合率并提高钙钛矿器件性能。

通过这些界面优化和材料改性方法，钙钛矿太阳能电池的光电转换性能和稳定性得到了显著提升。

3.5.4 钙钛矿太阳能电池的稳定性及封装技术

3.5.4.1 钙钛矿太阳能电池的稳定性

除了效率和制造成本，钙钛矿太阳能电池在工业化应用中还需要重点关注环境稳定性和时间稳定性问题。环境不稳定性成为主要问题，这主要源于钙钛矿薄膜或其与TIO_2接触界面的不稳定性，而影响电池稳定性的环境因素主要包括温度、湿度和紫外线。

（1）温度。有机无机杂化钙钛矿材料的晶体结构容易受到温度的影响。通常情况下，随着温度的升高，材料会发生相变。例如，当温度升至54℃时，$CH_3NH_3PbI_3$会由四方相转变为立方相。但若温度继续升高，材料可能会分解。观察发现，在85℃的全日光照射下，无论处于空气还是氮气环境中，$CH_3NH_3PbI_3$都会发生分解。这表明在热的作用下，$CH_3NH_3PbI_3$的晶格畸变变得更加显著。最后使$CH_3NH_3^+$脱出晶格引发失效。当前研究表明，对于$CH_3NH_3PbI_3$钙钛矿材料，全无机材料相较于有机无机杂化材料具有更高的耐热性。

（2）湿度。空气中的水是导致钙钛矿薄膜失效和降解的重要因素之一。以$CH_3NH_3PbI_3$为例，其失效降解的过程可用式（3-1）表示。由于氧气和水分子可以从对电极的小孔进入电池，由水引起的失效降解在氧气和光照的作用下会加剧。在$100mW/cm^2$的连续光照下，未封装的电池可能在几分钟到几小时内失效。随着空气湿度的增加，钙钛矿材料的失效问题愈发严重。从紫外-可见吸收谱的观测结果来看，当环境湿度为98%时，经过4h后，钙钛矿薄膜的吸收能力降低到原来的一半。

$$CH_3NH_3PbI_3 \xrightarrow{H_2O} CH_3NH_3I(aq) + PbI_2(s)$$

$$CH_3NH_3I(aq) \rightarrow CH_3NH_2(aq) + HI(aq)$$

$$4HI(aq) + O_2 \rightarrow 2I_2(s) + 2H_2O$$

$$2HI(aq) \xrightarrow{hv} H_2 \uparrow + I_2(s) \qquad (3-1)$$

（3）紫外线。在钙钛矿太阳能电池中，使用TiO_2作为电子选择性吸收层时，紫外光的照射导致的电池失效问题尤为显著。这是因为TiO_2半导体内部或颗粒表面存在大量的氧空位，这些氧空位会吸附空气中的氧分子（Ti^{4+} $-O_2$）。在紫外光的照射下，TiO_2的价带上的电子被激发到导带，而在价带上剩余的空穴将与Ti^{4+} $-O_2$复合，导致氧分子解吸。这样在TiO_2上就留下了一个带正电荷的氧空位，这个带正电荷的氧空位位于导带底以下，被称为深能级缺陷态。深能级缺陷态倾向于从卤素负离子中获取电子，从而破坏了有机无机杂化钙钛矿结构的电平衡，引发其失效和分解。研究结果表明，通过修饰TiO_2电子选择性吸收层的表面或用Al_2O_3替代TiO_2作为电子选择性吸收层，都可以在一定程度上提高电池在光照下的稳定性。

3.5.4.2 钙钛矿太阳能电池的封装技术

封装太阳能电池的主要目标是保护电池片，避免水、氧等环境因素对其造成损伤。标准的封装工艺首先将太阳能电池片焊接完毕，然后在真空条件下加热加压，使封装材料固化，将电池片与其他材料黏结在一起，实现密封。目前常用的封装材料有乙烯-醋酸乙烯共聚物（EVA）和聚乙烯醇缩丁醛树脂（PVB）等。其中，EVA胶的工艺最为成熟，价格低廉，具有柔韧性、耐冲击性和密封性，经过改良后其透光率可高达90%。然而，EVA的耐老化性能仍需进一步改善，通常采用加入交联剂、紫外光吸收剂和紫外光稳定剂等方法进行优化。目前基于EVA材料的电池封装已形成标准化封装工艺，相应的配套材料和设备发展成熟，形成了完整的产业链，确保太阳能电池

20~25年的使用寿命。相比之下，PVB除了具有高透光率和稳定性外，还能阻挡99%的紫外线对电池的照射，非常适合作为电池封装材料。然而，PVB的生产成本高，当前的制备工艺也较复杂。因此，需要根据具体需求进行合理的选择和应用。

3.6　有机光伏材料的应用

3.6.1　太阳能光伏水泵

太阳能光伏水泵系统，通过太阳电池将太阳能转化为电能，驱动水泵抽取水源，实现了太阳电池与潜水的完美结合。这种技术有效地解决了远离电网地区的用水问题，如农业灌溉、荒山绿化、沙漠治理等，甚至为人畜饮水和农田灌溉提供了经济可行的解决方案。太阳能光伏水泵已经在世界各国得到了广泛应用，并获得了联合国开发计划署、世界银行、联合国亚太经社会等国际组织的认可和推广。

3.6.1.1　太阳能光伏水泵的特点

太阳能光伏水泵除了具备太阳能光伏发电系统的优势外，还具备以下特点。

（1）无噪声、全自动。太阳能光伏水泵的运行模式是"日出而作，日落而息"，安装简便，且无需专人值守。其便携性设计允许它放置在各种轻型农用运输工具上，便于移动。

（2）节能环保。太阳能光伏水泵仅依赖阳光作为能源，无须消耗任何常规能源，因此特别适合在野外或无电区域使用。在日照较长的干旱季节和地区，太阳能的充足供应确保了水泵的稳定运行，从而实现更大的抽水量。

（3）长寿命。太阳能光伏水泵具有较长的使用寿命。一块太阳能电池板的使用寿命可长达25年，除了因长时间使用导致的转换效率降低，从而使输出功率略有减少外，基本上无须对其进行维修投入。目前，国内已经可以大批量生产并广泛应用成熟的太阳能光伏水泵。

3.6.1.2　太阳能光伏水泵的发展过程

太阳能光伏水泵的发展历程可追溯至太阳能热动力水泵。1615年，世界上第一台太阳能动力机即为一台抽水机。到了20世纪，太阳能热动力水泵开始受到关注，并在世界各地得到应用。然而，这些系统较为复杂且成本高昂，限制了其广泛应用。

1975年，太阳能光伏水泵的诞生改变了这一状况，并逐渐受到重视。自此，太阳能光伏水泵的应用在全球范围内得到推动，多国研发了相关产品。其中，丹麦的一家公司销售了数千台太阳能光伏水泵。

我国在20世纪80年代也开展了太阳能热动力水泵的研究，并研发了平板集热器型低温太阳能热动力水泵。进入20世纪90年代，我国开始研究太阳能光伏水泵，并试制出了百瓦级和千瓦级的太阳能光伏水泵，多家企业开始批量生产。

随着太阳能光伏产业的迅速发展，太阳能光伏水泵的应用在我国西北地区得到了广泛推广。该地区缺水问题严重，而太阳能光伏水泵的引入解决了灌溉和人畜饮水问题，极大地解放了劳动力。

目前，我国已经建成了全世界扬程最高、规模最大的太阳能光伏提水系统，该系统位于四川省攀枝花市仁和区平地镇迤沙拉村。该系统水泵功率为117.5kW，太阳能光伏组件功率为164.64kW，安装净扬程887m，提水管道长2800m，送水管道长3700m，晴天提水量超过230m³。

早期的太阳能光伏水泵系统将太阳能光伏发电与普通水泵结合，通过电网储能单元提供动力能源。随着技术的发展，直流水泵和变频交流电动机的出现使得太阳能光伏水泵更加便捷和高效。如今，太阳能光伏水泵已经可以实现从地下数百米深处取水，轻松扬上数百米的高坡。结合阶梯抽水泵等技术，还可以实现更高程度的灌溉和生活用水需求。

随着太阳电池技术的飞速进步、成本的持续降低，以及配套专用水泵等部件的研发成功，太阳能光伏水泵在实际生产和生活中的应用日益广泛。特别是在没有电网覆盖的地区，太阳能光伏水泵的应用前景更加广阔。同时，其他控制、保护等辅助系统的不断完善也为太阳能光伏水泵的普及提供了有力支持。

3.6.2 太阳能路灯

太阳能光伏照明路灯，也被称为太阳能路灯，主要用于城镇道路夜间照明、公园和住宅区的景观灯以及交通警示灯等场合。作为现代文明发展的产物，路灯的出现改变了人们"日出而作，日落而息"的生活方式，使得夜晚的文化生活更加丰富多彩，成为现代生活的重要组成部分。随着夜间照明需求的增长，从城市到农村，照明的用电量也在迅速增加。然而，目前中国80%的电力来自火力发电，而太阳能光伏照明在满足照明用电方面的应用还相对较少，因此，太阳能光伏照明的发展前景巨大。

3.6.2.1 太阳能路灯的发展前景

（1）LED节能路灯。LED节能路灯在电力消耗上远低于传统路灯，每年可节省大量电能。LED灯与高压钠灯相比，节能效果显著。据分析，华北地区太阳能光伏组件每年能产生大量电力，足以满足路灯的需求。对于一个拥有5万余盏路灯的中型城市，若全部采用太阳能LED路灯，每年可节省大量电费，同时减少煤炭消耗和碳排放。以石家庄为例，2000个行政村的太阳能路灯安装完成后，每年可节省大量能源，并减少污染物排放。全球范围内，若30%的路灯采用太阳能LED照明系统，将带来巨大的节能和减排效益。

（2）城市路灯照明。由于电网技术落后和电压波动大，城市路灯的实际功率远超额定功率，导致耗电量翻倍，财政负担沉重。为了解决这一问题，广州采用了合同能源管理模式对路灯进行太阳能节能改造。以10000盏250W高压钠灯的街道灯改造方案为例，政府投资4200万元，6年后所有权归政府。期间，公司负责维护，政府按投入的10%进行利息补偿。这种改造方案为国家节约了大量电费和标准煤，减少了二氧化碳和二氧化硫的排放。海南和其他地区也完成了城市公共照明设施的节能改造，采取各种节能改进措施，如关闭多灯、降低单灯功率、去除不合理设置的副灯等。合同能源管理模式在其他市县也得到了应用，节能服务公司出资将路灯改造为混光LED节能路灯，从节约的电费中支付部分给节能服务公司。

（3）太阳能路灯。太阳能路灯的发展方向是全方位的系列夜间照明，甚至可应用于农田夜间杀虫等新领域。太阳能杀虫灯（LEOT-8）是一个典型的例子。随着社会对环保和节能的关注度不断提高，太阳能路灯的发展前景广阔。

3.6.2.2　太阳能路灯光源的性能参数和选用

太阳能路灯作为一个集成了独立太阳能光伏发电和用电的系统，其运作机制与独立太阳能光伏发电系统相似。然而，在设计上，由于需要满足照明需求以及低能耗光源的需求，同时考虑到更长的维护周期、抗风和防雨的安全因素，设计要求相对较高。

太阳能路灯的照明设计需要根据实际照明需求来选择适当的负载，即照明灯具。这包括光源的发光形式和功率等。首先，设计应满足国家相关标准和规定，如GB/T 19064-2003《家用太阳能光伏电源系统技术条件和试验方法》、GB 9468-2008《灯具分布光度测量的一般要求》和CJJ 45-2015《城市道路照明设计标准》等。此外，根据负载的功率和工作模式，太阳能光伏发电系统的设计也需要进行。最后，系统的安装和安全性也是设计时需要考虑的因素。对于特殊行业的照明需求，如高空标志照明和高速公路标志照明等，需要根据具体行业的要求进行设计。

目前，太阳能路灯的设计标准仍有待完善。许多标准是从原有的照明标准中借鉴过来的，与太阳能光伏路灯的实际设计需求存在一定差异。因此，照明设计在太阳能路灯设计中扮演着重要的角色，成为该领域的重要发展方向。

3.6.2.3 太阳能路灯系统设计

光源是太阳能路灯的重要组成部分。常见的光源有低压节能灯、低压钠灯、无极灯和LED等。这些光源的选择需要根据道路照明的设计规范来决定，以满足亮度和照度的要求。太阳电池组件是太阳能路灯中的产能部分，也是价格较高的部分。它将太阳的辐射能转换为电能，然后通过控制器将电能存储在蓄电池中，以供夜间使用。多晶硅和单晶硅太阳电池是常用的电池组件，非晶硅太阳电池在某些特定环境下也得到了应用。小型太阳能控制器是必不可少的配件，它可以监控蓄电池的充放电状态，有效避免蓄电池过充电和过放电，从而延长蓄电池的使用寿命。此外，控制器还需要具备光控和时控功能，能在夜间自动切换负载，并能根据环境温度对蓄电池进行补偿，以保证系统的正常工作。蓄电池是用来存储电能的装置。由于日照时间和强度会随季节变化，因此需要配置蓄电池来满足路灯夜间工作的需求。常用的蓄电池类型有铅酸蓄电池、Ni-Cd蓄电池和Ni-H蓄电池。选择蓄电池时需要考虑照明负载的要求以及维护保养的便利性。灯杆和灯具外壳是用来固定和保护路灯的装置。灯杆的高度需要根据道路宽度、路灯间距和路面照度规范来确定。灯具外壳设计既要美观又要节能，同时还要满足防风和防潮等级的设计要求。

在设计太阳能路灯时，需要遵循一些基本原则，以确保路灯能够满足照明和安全要求。首先，需要对照明设计要求和照明工作要求进行了解和分析，理解其具体要求。同时，还需要掌握安装地的日照、风力等环境资源状况，以便更好地利用这些资源。在设计中，需要综合考虑各种因素，包括道路照度与适用范围、照明时间以及防风、防雨、防雷接地等方面的要求。

对于道路照度与适用范围，需要根据《城市道路照明设计规范》的要求进行设计。对于太阳能路灯的灯杆、灯杆间距和灯具的选择，应该按照规范要求进行选择。对于LED路灯的功率选择，需要考虑其技术条件限制，功率常在30~80W。测试表明，在选用灯杆高8.5m，间距30m，光源功率2×50W

的双LED灯照明时，灯下地面照度为19Lx，两灯之间地面照度为1Lx，最暗处为3.5Lx。因此，LED路灯的设计方案需要根据实际情况进行选择，以满足快速路、主干路、次干路和支路的不同要求。

在太阳能路灯的设计中，还需要考虑照明时间的要求。LED路灯每天的工作时间应与普通路灯一致，但需要考虑冬天日照时间短的情况，工作时间应在12h以上。另外，路灯工作受气候影响较大，连续阴雨天气会导致无光照，因此需要合理设计太阳能电池板面积和输出功率，与蓄电池的容量相匹配。在低辐照度工作情况下，连续工作时间通常设计在15~20d。

在防风、防雨和防雷接地方面，太阳能路灯的设计可以参照相关照明规范执行。LED路灯的工作电压较低，一般不用做电气接地。但LED路灯金属灯杆应做防雷接地设计，灯杆接地电阻要求≤100欧姆，确保达到防雷安全要求。

太阳能路灯系统的设计主要包括光伏组件、控制器、蓄电池和负载光源的设计。与独立太阳能光伏系统的设计相似，需要考虑用电负载为照明光源的情况。在风力资源丰富地区，设计中应该考虑光风互补能源转换方式的路灯。在设计太阳能路灯时，光源的选择是至关重要的。我们需要根据照明要求和设计规范，合理选择负载光源和功率，以确保满足规定。同时，我们还要考虑节能、环保和供电简单等因素，LED光源是当前的首选之一。此外，其使用寿命长和维护方便也是重要的参考依据。

太阳能光伏系统的设计也是重要的环节。根据照明方案和光源选择的结果，可以确定所需的光伏系统基础参数和要求。我们可以借鉴独立太阳能光伏系统的设计方法，进行太阳能灯光伏系统的光路设计。

3.6.3　太阳能光伏电动车

传统汽车主要依赖不可再生的化石燃料，如汽油和柴油，作为动力能源。这些能源的获取需要从一次能源中提炼，而石油本身是一种宝贵的化工原料，可用于制造塑料、合成橡胶和合成纤维等。然而，直接将石油作为燃料烧掉是十分可惜的，而且燃烧产生的废气还会对环境造成污染。

3.6.3.1 太阳能光伏电动车可行性

太阳能光伏电动车是太阳能应用的一个重要领域，其发展对于降低全球环境污染、创造洁净的生活环境具有重要意义。随着全球经济和科学技术的快速发展，太阳能电动车作为一个产业已经不再是遥不可及的梦想。一些环保人士也积极倡导发展太阳能电动车，以减少对化石燃料的依赖。

太阳能电动车的驱动能源来自太阳电池，这种电池能够将光能转化为电能，从而为汽车的电动机提供动力。由于不燃烧化石燃料，所以不会排放有害物质。据估计，如果由太阳能电动车取代燃油车辆，每辆汽车的二氧化碳排放量可减少43%~54%。

太阳能电动车，以其独特的"光能发电，替代油能"的方式，为我们提供了一种新的出行方式。这种电动车不仅可以节约有限的石油资源，而且不会排放有害气体，运行过程中也没有燃油汽车内燃机的轰鸣声。在世界各国的鼓励优惠政策推动下，太阳能电动车的发展得到了大力支持。为了满足电动车的能量需求，车身需要安装大面积的太阳电池，这导致车身长度和宽度远超传统燃油汽车。在某些情况下，需要通过挂车来解决光伏电池的安装问题。

3.6.3.2 太阳能光伏电动车发展趋势

采用新材料如镁合金和新工艺来降低车身质量，减少对行驶功率的需求。这种设计思路旨在通过优化和整合各种能源和驱动方式，实现太阳能电动车的高效、环保和可持续性。

（1）太阳能电动车概念设计分析。采用新材料如镁合金和新工艺来降低车身质量，减少对行驶功率的需求。这种设计思路旨在通过优化和整合各种能源和驱动方式，实现太阳能电动车的高效、环保和可持续性。

（2）作为汽车驱动的动力源。太阳能在汽车上的应用，主要有两个方面：一是以太阳能光伏电能作为汽车的主要动力源；二是仅将太阳能光伏电能作为汽车辅助设备的工作能源。在第二种应用中，采用特殊结构的太阳能光伏系统，将吸收的太阳光转化为电能，驱动车辆行驶。

（3）作为汽车辅助能源。传统的小轿车功率较大，需要大量能量，而太阳辐射的功率仅为1千瓦每平方米左右。因此，单纯依靠太阳能来满足传统轿车的能源需求是不现实的。然而，如果将太阳能作为辅助动力，减少汽车燃料的消耗，这是一个可行的方案。随着汽车电气化程度的提高，各辅助设备的耗电量也在增加，这为太阳能光伏电池的应用提供了空间。

（4）外观设计的发展。在保证车辆性能和能源的前提下，外观设计主要致力于使汽车的结构与太阳电池组件更加自然和谐。外观设计不仅影响汽车的速度和性能，而且是整个光伏电动车设计的重点和难点。相比之下，开放式设计思想更为突破常规。它主张突破传统的汽车设计理念和束缚，以实现太阳电动车外观与功能的完美结合。一些设计方案甚至将光伏组件设计成汽车的羽翼，既平衡了汽车行驶的动力，又兼具羽翼的功能。

3.6.3.3　太阳能电动车地系统构造

太阳能光伏电动车的结构主要包括以下几部分。

（1）太阳能光伏电池阵列。这是电动车的能源供应部分，由许多光伏电池板（通常数百个）串联和并联组成。阵列的类型和大小受到车辆负载耗能、车辆尺寸、部件和费用等因素的制约。目前主要有硅电池和化合物电池两种类型的光伏组件。

（2）蓄电池。由于太阳电池阵列的输出功率受到多种因素的影响，如阵列面积、太阳辐照度、云层覆盖、空气质量和温度等，因此太阳能光伏电动车通常配备有蓄电池进行能源储备。这些蓄电池在阳光充足时充电，并在阳光不足时为电动车提供所需的能源。

（3）电动机及其控制系统。电动机是电动车的驱动部分，负责将电能转换为机械能，驱动车辆行驶。控制系统则负责调节电动机的工作状态，以适应不同的驾驶需求和保证车辆的安全行驶。

（4）其他辅助部件。这些部件包括充电器、控制器、逆变器、电缆等，它们是保证太阳能光伏电动车正常工作的重要组成部分。

3.6.3.4 太阳能光伏电动车的设计流程

在制造太阳能光伏电动车的过程中，总体设计流程如下：

首先，根据工程师的设计理念，按照一定比例制作出模型样车。这一步主要是为了进行运动分析，以便发现设计中存在的问题，并进行相应的优化。然后，进行一比一的标准样车制作。这一阶段主要是对标准样车进行性能测试与分析，以确保其性能符合设计要求。完成标准样车测试后，太阳能光伏电动车便进入了成品阶段。成品车需要经过长时间的安全性能和机动性能等测试，确保其达到相关标准并通过行业认证，才能正式上路行驶。

当前，太阳能光伏电动车尚未形成统一或权威的标准，这在一定程度上限制了其研究和设计的发展。现有的车辆都是按照各自设定的参数和标准进行设计和制造的。

太阳能光伏电动车的整车总体设计涉及多个方面。首先需要确定整车的设计目标、参数和底盘三维布置设计。这包括蓄电池的布置、电动机及控制系统的布置、转向系统、传动系统、制动系统和车身线路的布置等。

从确定整车设计目标和参数开始，逐步进行底盘三维布置设计、车身设计和整车性能设计计算。每一步都为后续的设计和制造提供了重要的指导和依据。

在整车参数设计中，为了应对太阳能光伏系统输出功率较小的问题，并优化传统汽车设计，我们充分考虑了采用轻质材料和轻量化设计的重要性，以减轻整车的重量，提高能效。此外，储能蓄电池的负重也是一个不可忽视的因素。在设计中，我们精心安排了合理的整车结构和参数，以确保电池能够得到妥善的安装和配置，同时最大限度地减轻对车辆性能的影响。

第4章　有机场效应材料

　　有机半导体材料的研究最早能追溯到20世纪50年代，Akamatu等人发现一些多环芳香族化合物和卤素之间的配合物在固体状态下具有一定的导电性。随后，20世纪70年代Alan Heeger，Alan MacDiarmid和白川英树发现了导电聚合物并因此获得了诺贝尔化学奖。这一发现打破了人们对有机化合物只能作为绝缘材料的传统认知，让更多的人关注到有机电子学的研究。

　　有机电子学交叉了材料、电子、物理等多种学科，并在过去的几十年里得到了飞速发展，各类有机器件不断涌现，如有机场效应晶体管、有机存储器、有机发光二极管、有机太阳能电池等，这些有机器件的各项性能都得到了巨大提升。相比于无机材料，有机材料有着得天独厚的优势，有机半导体对光、电、热等影响因素表现出不同的特性，基于有机半导体的器件还具有良好的柔韧性、丰富的结构、低廉的成本、可大面积制备等优点，可用于制备显示器的内部集成电路、柔性电子标签以及各种用于气体检测的传感器等。有机场效应晶体管作为有机半导体器件中重要的组成部分，一方面可用于研究有机半导体分子结构与器件性能关系，为后续分子的设计合成提供指导；另一方面可在未来应用到集成电路中，实现电子设备的柔性化和低成本、低能耗的制备。

4.1 有机场效应材料的发展

场效应晶体管的概念最先在20世纪20年代由德国科学家Julius提出，即依靠一个强电场在半导体表面引发电流，通过控制电场的强度来控制半导体表面电流的大小。其工作原理类似于一个电容器，源漏电极之间的导电沟道作为电容器的一个极板，栅极作为另一个极板，沟道中的载流子密度通过加在栅极上的电压进行调制。但其并没有任何的实验进展。而后在1947年，美国贝尔实验室半导体研究小组设计了试验方案，首次制备了具有放大电流作用的点接触型的锗晶体管。至此，世界上第一个可以工作的晶体管被开发出来。凭借晶体管这项伟大的发明，1956年三人同时荣获诺贝尔物理学奖。随后在20世纪60年代初，贝尔实验室基于Shockley的场效应晶体管的概念，利用热氧化硅结构研制了金属–氧化物–半导体场效应晶体管（MOSFET），基于无机半导体的场效应晶体管研究逐渐趋于成熟，到20世纪60年代末，各大半导体制造商开始将注意力从结型集成电路转移到场效应型集成电路。目前，市场使用的绝大多数MOSFET晶体管是使用无定型的非晶硅为活性层材料。场效应晶体管（FET）的性能直接与载流子迁移率有关，其原理是通过诱导电荷的积累而运作。理论上，只要是半导体材料就可以作为有源活性层，可以是无机材料，也可以是有机材料。1986年，日本的Tsumura等人以聚噻吩作为半导体活性层制备出第一个有机场效应晶体管（Organic Field Effect Transistor，OFET）。虽然当时器件的迁移率只有$10^{-5}cm^2/V/s$，但是证明了有机半导体应用于场效应晶体管的可能。

在此后的三十多年里，由于科学家们更好地理解了半导体的化学和固态结构、介电层的影响以及触点处的接触电阻的影响，器件性能得到了根本性的改善。此外，有机半导体材料成功引起了科学家们的兴趣，大量有机半导体材料被设计合成并被应用到场效应晶体管中，同时许多不同于无机半导体的制备工艺也得到了极大的发展。目前用于制备有机场效应晶体管的半导体材料包括有机小分子半导体材料，聚合物半导体材料和有机电荷转移复合物。小分子半导体单晶场效应晶体管的迁移率已经超过了$40cm^2/V/s$，基于聚合物半导体材料作为活性层的薄膜场效应晶体管性能已经达到了58.6cm²/V/s。有机场效应晶体管（OFET）或有机薄膜晶体管（OTFT）采用小分子或聚合物的有机半导体作为沟道层，与使用诸如硅的无机半导体的传统器件相比，可以在更低的温度、以更低的成本和更高的生产量更方便地制造。此外，有机半导体可以溶解在溶剂中，从而能够通过印刷技术大规模生产OFET驱动的电子产品。有机半导体比无机半导体在机械上更坚固、更轻薄。OFET提供的这些具有吸引力的优势为下一代电子产品的开发开辟了机会，如柔性显示器、无处不在的射频识别（RFID）标签、可穿戴电子设备、传感器等。

4.2　有机场效应晶体管

有机场效应晶体管是以有机半导体材料为有源层的一种电子元器件，于1986年由Tsumura及其同事首次报道，在此之后，越来越多的研究者涌入这个领域，OFET取得了快速的发展。研究者从有机半导体材料设计，器件结构，器件构筑工艺改进，器件集成等方面出发，经过不懈地努力，OFETs的迁移率屡屡被突破，到目前已经超过了100cm²/V/s，甚至比传统的硅基晶体管更高，随着无机晶体管的发展逐渐接近极限，有机场效应晶体管显示出巨大的未来应用潜力。

4.2.1　有机场效应晶体管的基本结构

有机场效应晶体管主要由栅极（Gate）、源电极（Source）、漏电极（Drain）、绝缘层（Gate Dielectric）、有机半导体层（OSC）组成。其中，半导体层是有机场效应晶体管最重要的组成部分，在一定程度上决定了器件性能。根据有机半导体层的聚集形态可以将有机场效应晶体管分为薄膜OFETs和单晶OFETs，根据有机半导体层的多数载流子种类的差异，可以分为电子和空穴均可传输的双极性OFETs、多数载流子为电子的n型OFETs、多数载流子为空穴的p型OFETs。栅极和源漏电极分别控制了器件导电沟道的形成和载流子的定向移动，栅极材料根据应用场景不同可用重掺杂的硅或柔性导电材料，源漏电极常用低电阻金属或合金。绝缘层用来隔开半导体层和栅极，实现半导体层中载流子的场效应调控，因此要求具备良好的绝缘性，通常使用二氧化硅或者有机聚合物绝缘层如PS、PVP等作为制备材料。

　　有机场效应晶体管根据栅极和源漏电极分别相对有机半导体层位置不同，一般分成四种结构：底栅顶接触（bottom-gate top-contact，BGTC）、底栅底接触（bottom-gate bottom-contact，BGBC）、顶栅底接触（top-gate bottom-contact，TGBC）和顶栅顶接触（top-gate top-contact，TGTC），如图4-1所示。

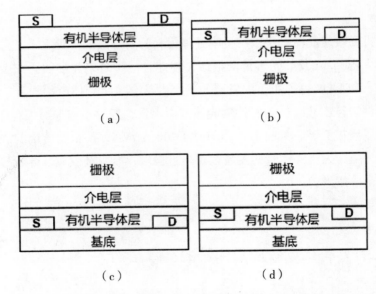

图4-1　常见有机场效应晶体管的结构示意图

（a）底栅顶接触（BGTC）；（b）底栅底接触（BGBC）；
（c）顶栅底接触（TGBC）；（d）顶栅顶接触（TGTC）

　　顶接触器件的载流子迁移率往往高于底接触器件，这是因为在底接触器件的制备过程中有机半导体层分别与源漏电极和绝缘层接触，不同的接触界面导致有机半导体层出现更多的缺陷，不利于载流子的传输。在顶接触器件中有机半导体层直接生长在绝缘层上，有利于得到高质量半导体层使器件表现出更高的性能，但是另一方面，载流子的注入需要通过一定厚度的有机半导体层，该过程会产生接触电阻影响器件性能。底栅器件也是常用的OFETs器件结构，通常在底栅器件中源漏电极的构筑常采用便于大面积制备的光刻法，有机半导体层是在预先构筑好栅极和绝缘层的基础上再进行制备，这简化了实验制备流程，有利于器件大规模生产。并且绝缘层与有机半导体层的界面更易修饰，降低界面缺陷密度有利于得到高质量的有机半导体层，进而使器件获得更高的性能。而在顶栅器件中，虽然绝缘层对于有机半导体层有良好的密封作用，可以减少外界环境的影响，但是绝缘层与有机半导体层的界面质量难以控制，并且顶栅器件常用有机聚合物材料作为绝缘层材料，这种材料相比于SiO_2更容易被击穿，限制器件性能。

4.2.2　有机场效应晶体管的工作原理

　　栅极和有机半导体层之间由绝缘层隔开构成一个类似于平行板电容器的结构，以n型OFETs为例，通过给栅极施加一个正栅压V_G，形成一个垂直于半导体层的垂直电场，在垂直电场的作用下半导体层感应出电子。此时对源漏电极施加一个偏压V_D形成一个平行于半导体层的横向电场，在横向电场的作用下电子定向移动，形成电流I_D。p型OFETs的栅极电压方向与n型相反，为负栅压，在半导体层中感应出空穴；双极性的OFETs通过调节栅压的正负，可以在同一半导体层中分别感应出空穴和电子。在半导体层中参与载流子传输的部分称为导电沟道，有机场效应晶体管的工作特点就是可以通过调节栅极电压的大小来控制有机半导体层中导电沟道的形成和电流大小，实现场效应调控。

4.2.3　有机场效应晶体管对半导体材料的要求

（1）半导体材料应有足够高的化学纯度。杂质会导致陷阱的产生，引起阈值电压的漂移，降低载流子迁移率和器件长期稳定性；并且能够形成较大的本征电流，增大关闭状态下的沟道电导率。同时，杂质也是影响批次稳定性的重要因素。因此，半导体应有足够高的纯度。

（2）半导体材料应有合适的能级结构，即有合适的LUMO（最低未占分子轨道）能级和HOMO（最高占据分子轨道）能级。拥有较低的LUMO能级的半导体，容易被还原，利于电子注入，因为通常作为源漏电极的金属（如金），功涵较大。同时，低的LUMO能级可提高电子传输的热力学稳定性。

（3）半导体层的堆积结构要有利于电荷传输。同样的半导体分子，排列方式不同，器件性能也会有很大的差异。这是因为它们的转移积分不同，转移积分越大，迁移率越高。

（4）有机半导体有良好的成膜性或者能形成质量高的单晶。有机半导体薄膜连续且有序，有利于电荷的有效输运。

4.2.4　有机场效应晶体管的构筑

有机场效应晶体管中的有机半导体层材料决定了OFET的性能，目前OFET器件制备手法多样，制备手法一般因材料性质而异，此外，构筑器件方式不同，也会影响载流子的传输。OFET主要分为有机薄膜场效应晶体管和有机单晶场效应晶体管两种，一般制备方式会按照材料物化性质进行选择。

4.2.4.1　有机薄膜的制备工艺

薄膜指的是由分子、原子或离子沉积在基底表面形成的二维材料，在

OFET中，器件的性能与薄膜形态紧密相关，有机薄膜场效应晶体管制备的过程中最重要的就是半导体层薄膜的制备。沉积薄膜的方法对于器件性能有很大的影响。薄膜载流子传输与分子堆积与有序程度，有机共轭分子沿电极方向重叠程度相关。大量研究表明，晶粒越大、晶界越小、缺陷越少、薄膜表面平整度越高，晶体管的迁移率就越高。

利用不同方法沉积薄膜，形成薄膜的平整度和形貌也大不相同。具体有如下几种方法：溶液滴铸法、旋涂法、蒸汽升华法和浸涂法。

（1）滴铸法。

溶液滴铸法是一种适用于小面积的薄膜沉积工艺。该方法是通过将定量的溶液滴在静态基底上，利用溶液挥发来进行。衬底也可以被烘烤以增强蒸发速率。一旦溶液干燥，就会在基底上形成一层固体薄膜。这种方法的优点是工艺简单方便。然而，这种方法的主要缺点是难以在沉积层上获得均匀和连续的涂层，薄膜的厚度也是不可控的。2016年，Park等人[1]使用这种沉积方法，在图案化的硅衬底上制备TIPS-并五苯薄膜，用其来研究太赫兹调制。将50μL浓度为2mg/mL的TIPS-并五苯溶液滴铸到基底上，然后用玻璃盖住，在50℃下加热5min。尽管沉积过程中存在不均匀性，但注入的TIPS-并五苯薄膜中的载流子浓度在有机/无机界面附近的有机层的整个区域上迅速变得一致。

（2）旋涂法。

旋涂是学术研究和工业应用中最常用的方法之一，因为它能够以较低的成本进行大规模生产。它也更容易执行，因为只需要几滴溶液。将溶液滴在基板顶部，基板固定在旋涂机内的卡盘上。旋涂以一定的加速率开始，并在一段时间内保持恒定的速度。完成后，通过蒸发过程和液体流失形成所需的薄膜。根据材料溶液的特性，可能需要额外的步骤，如加热或紫外线处理。

薄膜层的厚度取决于自旋的速度和持续时间。溶液的性质，如密度、黏度、蒸发率和液体流量，也会影响厚度。通过改变加速度和旋转速度，可以

---

① Park J M, Sohn I B, Kang C, et al.Terahertz modulation using TIPS-pentacene thin films deposited on patterned silicon substrates[J].Optics Communications，2016，359：349-352.

控制液体的流动。另一方面，蒸发速率可能影响薄膜的形态。

（3）蒸气升华法。

蒸气升华主要用于薄膜的沉积，制备的薄膜连续且均匀。通过仔细选择具有低成核密度、高衬底温度和缓慢升华速率的衬底，可以获得具有大面积的结晶膜。因此，通过蒸气升华生长单晶的一种可能方法是使用晶体衬底或晶种来生长半导体晶体，例如，外延生长和液晶（LC）生长。另一种方法是使用低蒸气压溶剂来辅助沉积。离子液体（IL）是的合适候选者，因为它们具有低蒸气压并且可以在高温和高真空条件下使用。液体溶剂有利于克服真空升华中晶体生长的非平衡性质。晶体生长后，LC和IL可以通过普通有机溶剂去除。

（4）浸涂法。

在典型的浸涂工艺中，首先将基底逐渐浸入溶液中，以防止振动和气泡形成。然后将基底缓慢地从溶液中拉出，同时在取出区域发生沉淀和结晶。因此，提拉速度很重要，适当的速度有助于形成均匀且薄的晶体。此外，溶剂、浓度、温度、溶液黏度和材料的结晶度都在结晶过程中起着关键作用。例如，溶剂的快速蒸发（低沸点、高温等）可能导致沿着接触线的晶体簇。浸涂法通常用于沉积聚合物半导体，很少用于生长有机小分子薄膜或者晶体。

4.2.4.2　有机单晶的制备工艺

有机单晶通常表现出比薄膜更好的性能。溶液法和气相法都可以用来生长有机半导体的单晶。PVT法是优先选择的，因为溶剂可能诱导陷阱改变有机半导体的电子结构，甚至溶液自身与有机半导体分子形成共晶，对此无法预测对电荷传输的影响。此外，额外的退火处理去除剩余的溶剂分子可能导致分子结构坍塌并导致成本增加。

制备高质量的有机单晶是提高器件性能的首要条件，由于有机半导体分子主要依靠微弱的范德华力结合在一起，这使得我们可以通过改变晶体成核和结晶过程中的热力学及动力学参数来控制晶体的形态及分子排列。目前制备有机单晶有两种常用的方法：气相法、溶液法。气相法适用于溶解度较差的小分子材料，溶液法则主要用于热稳定性较差的材料。

（1）气相法。

在众多气相法中，物理气相传输法（Physical Vapor Transport，PVT）已经成为制备有机半导体单晶的主要方法之一。PVT法可以通过管式炉来实现单晶制备，原理如图4-2所示，其设备有五个部分：炉体、温控系统、供气系统、真空泵和石英管，它的主要原理是将固体材料置于高温区升华为气体，载气将材料带到低温区，材料在低温区的基底上自组装结晶。

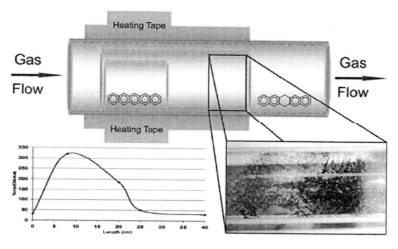

图4-2　物理气相传输法原理和装置图

由于有机半导体材料受到惰性载气的保护，且整个管式炉也属于较为密闭的环境，所以外界环境对晶体的生长几乎没有影响，这使得PVT法生长有机单晶的可重复率很高。PVT法制备有机单晶也受到多方面因素的影响，比如高温区温度、晶体生长温度、载气种类等都会影响有机单晶的质量。通常而言，控制温度是调节有机单晶生长过程最简单有效的方法，高温度区温度控制着晶体升华速率，当高温区温度略高于于晶体升华温度时，晶体的生长会相对缓慢，便于生长高质量的大单晶。除此之外，晶体的生长温度同样对晶体的质量以及形貌有着巨大的影响，较高的晶体生长温度有利于分子的运动，促使分子沿着分子间相互作用较强的方向生长，从而形成高质量的晶体。

（2）溶液法。

虽然物理气相传输法有着诸多优点，但是目前大部分的有机半导体材料在高温下都不稳定，且难以适用于像聚合物那样分子量较大的材料。相比之下溶液法多用于常温，且适用于大部分溶解度较好的有机半导体材料。溶液法的原理就是将有机半导体材料制备成溶液，随着溶剂挥发溶液进入饱和或者过饱和状态，有机半导体材料析出形成单晶。溶液法的主要思路为，让溶液缓慢进入饱和或者过饱和状态，其主要的途径有：①缓慢蒸发溶剂；②向溶液中缓慢加入不良溶剂；③改变温度降低材料的溶解度。

（3）滴注法。

在众多溶液法中，滴注法是最简单有效的，因此也是使用最多的一种方法。滴注法将材料配置成溶液直接滴在基底上（图4-3），而后整个体系保持稳定，有机分子随着溶剂挥发在基底上自组装形成晶体。在自组装过程中没有外力的影响下，分子自发组装得到长程有序结构，可以通过此方法得到高质量的有机单晶。

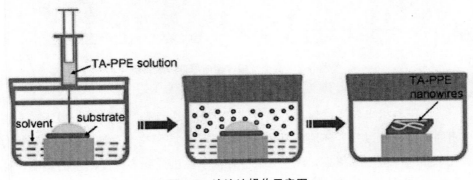

图4-3　滴注法操作示意图

（4）浸渍法（dip-coating）。

浸渍法多用于制备有机薄膜场效应晶体管，但在一定条件下也可以用于大面积制备具有相同取向的晶体。浸渍法首先将基底浸入溶液，再将基底以一个合适的速率从溶液中提拉出来，有机小分子在固液界面交界处随着溶剂挥发而结晶。除了溶剂选择、溶液浓度、基底选择等常见溶液法调控晶体生长的方法外，提拉速率也是浸渍法的一个重要影响因素，提拉速率过快会导致晶体整体不连续，提拉速率过慢会使得晶体生长不均匀，合适的提拉速率有利于形成薄而均匀的晶体。

通过浸渍法制备晶体简单、高效，同时可以实现晶体的大面积制备，是一种具备在未来产业化中应用潜力的方法。但浸渍法有外力的引入，外力的作用促进了溶剂的蒸发，进而影响结晶过程，得到的晶体质量难以保证，这意味着浸渍法的使用与否严重依赖于材料自身性质，这使得浸渍法制备晶体不具有普适性。

（5）溶剂交换法。

溶剂交换法的原理是在不同溶剂中有机半导体的溶解度不同，从而通过溶剂互溶降低材料的溶解度来制备晶体。具体操作步骤如图4-4（a）所示，它一般是将少量的不良溶剂缓缓注入到有机半导体溶液中形成明显界面，然后二者缓慢混溶，有机半导体材料在不良溶剂中过饱和从而析出单晶。此方法得到晶体可以转移到各种基底上，在新型结构器件的制备中广泛应用。溶剂交换法对所用溶剂有着明确要求：一是需要溶剂间能够混溶；二是半导体材料在两种溶剂中的溶解度不同；三是溶剂具有不同的密度，这能够在溶剂间形成界面，保证了两种溶剂能缓慢混溶。目前实验报道中使用较多的高溶解度溶剂有甲苯、氯苯和氯仿等，低溶解度溶剂则有甲醇、乙醇、乙腈以及正己烷等。

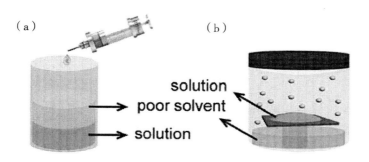

图4-4 溶剂交换法操作示意图

除此之外，可以将有机半导体溶液置于不良溶剂氛围中，通过不良溶剂的缓慢渗透形成单晶[图4-4（b）]。此方法可以避免由于溶剂挥发和直接混合所产生的低质量单晶或多晶。同时还可以将晶体置于良溶剂中进行退火，使得分子在晶体中重排，从而获得高质量的微纳晶。

4.2.4.3 源漏电极的构筑工艺

在有机薄膜场效应晶体管制备中常采用光刻技术构筑源漏电极，制备成底栅底接触构型的器件，这有利于简化制备工艺流程实现大面积制备；而对于有机单晶场效应晶体管，传统的电极构筑工艺会破坏有机单晶的内部结构，增加载流子缺陷密度使器件性能下降，这是由于有机单晶的堆积依靠较弱的分子间作用力，其强度比无机材料分子之间的共价键弱很多，因此在有机场效应晶体管源漏电极的构筑时常用以下几种工艺手段。

（1）静电贴合法。

静电贴合法首先在绝缘层表面蒸镀了源漏电极，然后将预生长的晶体机械地转移到晶体管电路上，静电力将二者紧密贴合（图4-5）。因为晶体是在电极制备完成后转移上去的，所以可以制备较为复杂的结构，并且避免了电极制备过程中对晶体的损伤。对于二维层状有机单晶，可以通过不同方向去测试同一个晶体，从而探索晶体中载流传输的各向异性。但是静电贴合法涉及物理转移晶体，这可能会导致晶体在转移过程中出现破损和表面污染。

（2）底电极沉积法。

底电极沉积法直接将有机材料的溶液滴注在制备好的晶体管电路表面，随着溶剂挥发，晶体直接在晶体管电路上原位生长，形成底栅底接触构型场效应晶体管。这种方法可以在短时间里大规模制备器件，但是无法控制晶体的具体生长位置，并且单晶和底电极之间难以形成紧密的接触，所以此方法制备的器件性能都较低。

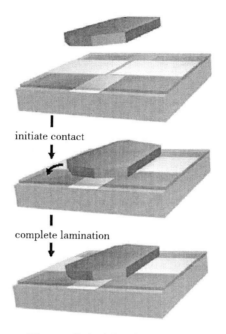

initiate contact

complete lamination

图4-5 静电贴合法操作示意图

（3）直接构筑法。

直接构筑法直接在晶体上构筑整个器件，源漏电极可以通过手工操作在晶体表面点导电胶，也可以通过真空蒸镀制备金属电极，晶体本身同时起到活性层和衬底的作用。这种方法流程短，操作简单，但是只能在大单晶上运用，沟道长度比较长，精度差，并且导电胶和金属蒸镀可能会对晶体表面造成损伤或污染，从而降低器件性能。

（4）掩膜法。

掩膜法目前是制备底栅顶接触结构器件的重要手段之一，如图4-6所示，它是在真空蒸镀过程中，用掩膜遮挡住单晶，在金属电极间形成一定的导电沟道，从而制备器件。由于有机半导体材料所制备的晶体尺寸很小，而传统掩膜技术只能用于大尺寸晶体，所以寻找一个合适的掩膜成为掩膜法的研究重点之一。2006年，胡文平课题组采用金丝作为掩膜，为置于SiO₂/Si衬底上的酞菁铜单晶线制备了源漏电极，构筑了基于酞菁铜单晶线的底栅顶接触器件①，器件的导电沟道长度低至20μm。通过移动金丝进行二次蒸镀不仅可以进一步缩短导电沟道长度，还可以用于制备具有不对称电极的晶体管。随后，胡文平课题组在此思路下制备了一种聚合物纳米线，其宽度较金丝进一步缩小，用此有机纳米线作为掩膜，提出了"有机线掩膜法"，进一步缩短了沟道长度，也推动了晶体管的小型化。虽然掩膜法可以在微纳晶上构筑源漏电极，但沉积金属中所产生的热辐射以及金属原子扩散问题仍然存在，这些问题都会对微纳晶造成损伤，从而降低器件性能。

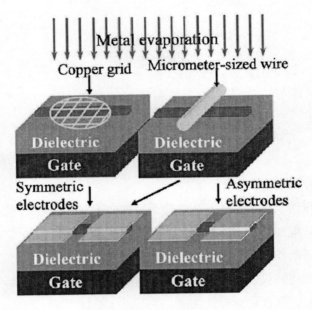

图4-6　掩膜法操作示意图

① Tang Q，Li H，He M，et al.Low threshold voltage transistors based on individual single-crystalline submicrometer-sized ribbons of copper phthalocyanine[J].Advanced Materials，2006，18（1）：65-68.

（5）贴金膜法。

为了避免蒸镀所带来的损伤，胡文平等人发展了一种贴金膜法（图4-7）。[①]贴金膜法的具体流程为：以铜网作为掩膜，采用掩膜法在硅片上制备排列整齐的金膜阵列，其厚度约为100nm，用带有镓铟合金的探针将金膜物理转移到晶体表面上，使其紧密贴合，重复操作便形成了平行的源漏电极，从而构筑为完整器件。理论上可以通过蒸镀不同金属形成金属膜，以此构筑不对称电极，但是大部分金属的延展性很差，在实际操作中存在困难，目前常用的金属为金、银。此法的优势是：可以通过避免真空蒸镀来减小晶体损伤；金膜表面光滑且延展性好，因此能与微纳晶形成紧密接触。但是，如果晶体过厚或者基板不干净，都会导致金膜难以紧密贴合在微纳晶上，从而降低器件性能。

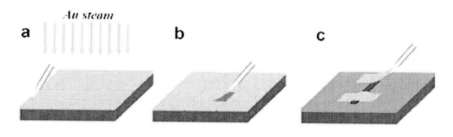

图4-7 贴金膜法操作示意图

① ZHANG Y，TANG Q，LI H，et al.Hybrid bipolar transistors and inverters of nanoribbon crystals[J]. Applied Physics Letters，2009，94（20）：135.

4.3 有机半导体材料

半导体材料是OFET最核心的部分，根据传输机制分类，半导体中有自由电子和空穴两种载流子，以自由电子为载流子的材料被称为n型材料，以空穴作为载流子的材料被称为p型材料，同时以自由电子和空穴作为载流子的材料被称为双极性材料。

p型和n型材料的主要特点分别是其高电子亲和力和低电离电势。目前，大多数的研究集中于p型有机半导体材料，这主要是因为p型有机半导体材料在空气中比较稳定，并且基于p型有机半导体材料的OFET具有相对较高的迁移率。而n型有机半导体材料由于实验过程中其有机阴离子容易与氧和水反应，导致其对空气和湿度极其敏感，因此，基于n型有机半导体材料的OFET研究难度很大。基于双极性半导体材料的OFET器件需要同时对电子和空穴进行有效且平衡的电荷注入/提取，因此，研究双极性半导体材料非常困难，OFET发展到目前，双极性半导体材料鲜有报道，并且迁移率都很低。

4.3.1 异靛蓝新型有机半导体材料应用于有机场效应晶体管

异靛蓝（IIDG）是一种缺电子的受体单元，在光电输出器件（OPV）和OFET应用中已变得非常流行。异靛蓝含有两个五元内酰胺环，在3和3'位置上由一个外环双键连接；每个内酰胺被熔合到一个苯环上，形成完全共轭结构。

4.3.1.1 有机共轭聚合物的设计与电子器件性能的研究

有机共轭聚合物对电子器件的制造具有一些吸引人的特性，如良好的载流子迁移率，易于调节的合成策略，以及在有机溶剂中的良好溶解度，可用于大规模的溶液加工技术。为了开发基于共轭聚合物的新型器件，最近的几项工作研究了不同的方法，以全面了解分子设计与材料性能之间的关系，包括机械、光学和电子性能。共轭聚合物是通过对侧链和π共轭主链进行改性和设计，这两种策略通过影响聚合物主链平面度、层间距、π堆积距离、结晶度、玻璃化转变温度链排列、链间相互作用等方面，来改变宏观聚合物分子电子器件性能。除了以上几个通用策略以外，近年来，有大量研究者发现通过将非共价键作用引入聚合物分子中，可以有效调节共轭聚合物的光电性能。在这些工作中，通过合理的化学设计，在共轭聚合物中引入了非共价键部分，以产生分子内或分子间构象锁，从而提高了有机场效应晶体管（OFET）的主链平面性，增强了π-离域以及电荷载流子迁移率，此外，还有大量研究通过氢键来引导聚合物自组装并影响聚合物材料的固体形态。利用这种方法，合成了具有热不稳定侧链的二酮吡咯并吡咯（DPP）基共轭聚合物，这些侧链在热退火后被去除。所得的无侧链聚合物薄膜在形态上稳定，耐溶剂降解，并在有机电子器件中具有良好的性能。然而，尽管这种方法有效地提出了一种共轭聚合物薄膜加工的新方法，但在去除保护基团后，聚合物的溶解度降低，这限制了它们与沉积技术的兼容性。

4.3.1.2　聚合物合成方法

（1）溴代2-癸基-1-十四烷合成步骤。

在一个干净的单口烧瓶中，将2-癸基-1-十四醇（7.4g，20.8mmol）、三苯基膦（6.53g，24.9mmol），咪唑（1.69g，24.9mmol）加入其中，随后加入30mL二氯甲烷，将单口瓶置于冰水浴中搅拌30min，随后缓慢分批次加入单质碘（6.23g，24.9mmol）。继续在冰水浴中搅拌30min后移至室温。室温下搅拌2h后结束反应。使用二氯甲烷和硫代硫酸钠的水溶液进行萃取，使用无水MgSO$_4$干燥后，使用减压蒸馏的方法除去多余溶剂，将合并的有机相通过硅胶柱（石油醚）得到无色透明有黏稠性液体。

（2）IIDG分子合成步骤。

将6-溴代吲哚-2-醇（4.0g，18.8mmol）和6-溴代吲哚-2，3-二酮（4.24g，18.8mmol）的混合物添加到乙酸（120mL）中，然后添加0.8mL盐酸

（36.46%），在氮气保护下，117℃下回流24h。反应后的混合物用大量乙醇和水洗涤，得到深红色固体（6.3g，79%）。该化合物在下一步中使用，无须进一步纯化。IIDG分子的合成路线如图4-8所示。

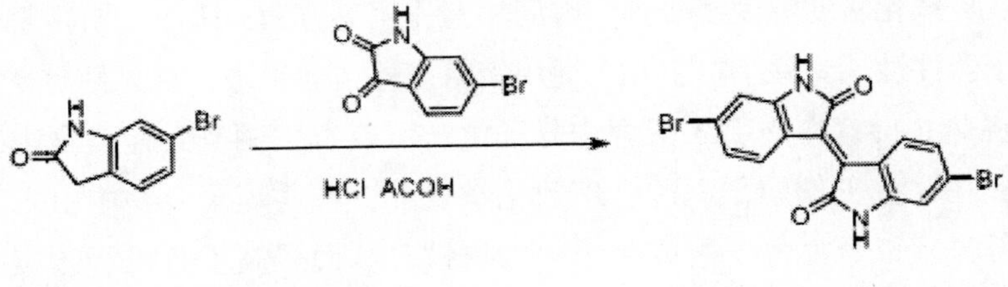

图4-8　IIDG合成路线图

（3）IIDG-SC24分子合成步骤。

在一个干净的双口瓶中加入（2）（2g，4.8mmol），NaH（0.18g，7.2mmol），再加入干燥的DMF溶液（30mL）。连续抽换三次真空和氮气后将温度升至120℃回流1h。当体系活化后，再缓慢分批次使用注射器加入（1）（3.3g，7.2mmol）。继续回流16h。待反应完成后使用二氯甲烷和盐水进行萃取，有机相使用无水$MgSO_4$干燥后，使用减压蒸馏的方法除去多余溶剂，将合并的有机相通过硅胶柱（二氯甲烷）进行洗脱，最后得到暗红色固体。IIDG-SC24分子的合成路线如图4-9所示。

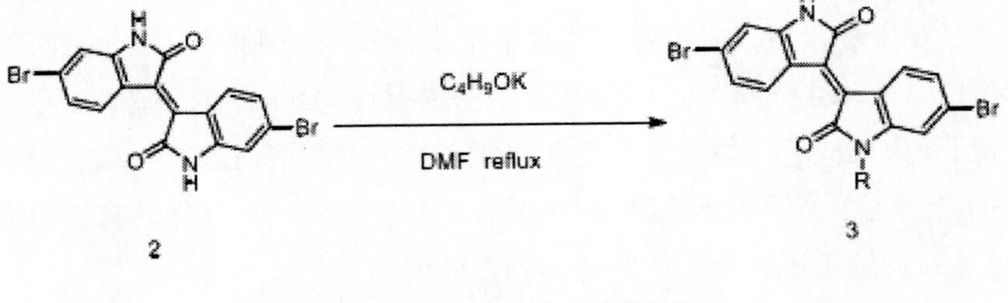

图4-9　IIDG-SC24合成路线图

（4）IIDG-DC24分子合成步骤。

在一个干净的双口瓶中加入（2）（2g，4.8mmol），NaH（0.34g，14.4mmol），再加入干燥的DMF溶液（30mL）。连续抽换三次真空和氮气后将温度升至120℃回流1h。当体系活化后，再使用注射器一次性加入（1）（5.6g，12.0mmol）。继续回流16h。待反应完成后使用二氯甲烷和盐水进行萃取，有机相使用无水$MgSO_4$干燥后，使用减压蒸馏的方法除去多余溶剂，将合并的有机相通过硅胶柱（二氯甲烷）进行洗脱，最后得到暗红色固体。IIDG-DC24分子的合成路线如图4-10所示。

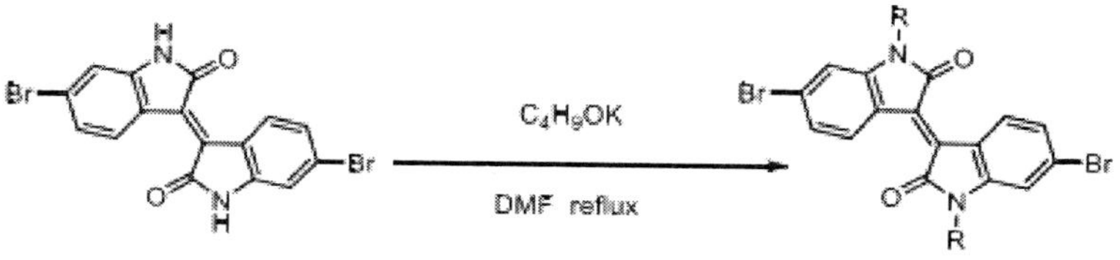

图4-10　IIDG-DC24合成路线图

（5）IIDG-P1分子合成步骤。

将（3）（100mg，0.13mmol）、DTS（69.5mg，0.13mmol）溶解于5mL甲苯，将体系抽换三次氮气后，在氮气流下加入四三苯基膦钯（3.5mg，0.003mmol），再次抽换三次氮气，使用氮气球作为保护，将体系加热至90℃，反应时间根据状态而定，当观测到固体析出，关停反应，待反应体系冷却至室温，直接在真空中进行浓缩，然后使用少量二氯甲烷溶解，在甲醇中沉降得到黑色固体（100.6mg，产率：79%）。为了除去小分子残留，将产物使用甲醇/正己烷/THF经索氏抽提法纯化过滤，最后得到产物。IIDG-P1分子的合成路线如图4-11所示。

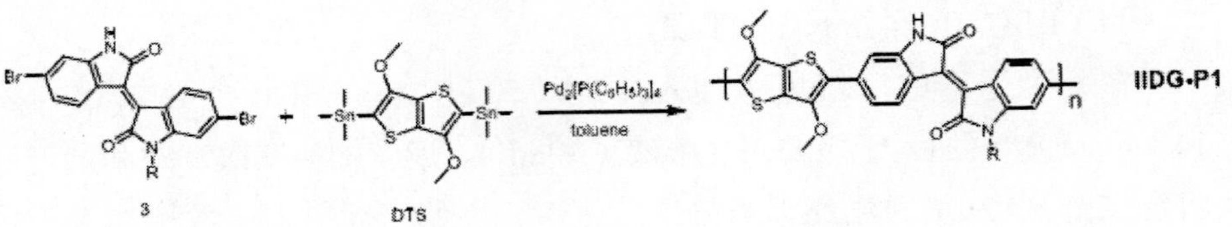

图4-11 IIDG-P1合成路线图

（6）IIDG-P2分子合成步骤。

在一个干净的单口烧瓶中，将（3）（100mg，0.13mmol）、IDT（95.2mg，0.13mmol）溶解于8mL甲苯，将体系抽换三次氮气后，在氮气流下加入四三苯基膦钯（3.5mg，0.003mmol），再次抽换三次氮气，使用氮气球作为保护，将体系加热至90℃，反应时间根据状态而定，当观测到固体析出，关停反应，待反应体系冷却至室温，直接在真空中进行浓缩，然后使用少量二氯甲烷溶解，在甲醇中沉降得到黑色固体（156mg，产率：81%）。为了除去小分子残留，将产物使用甲醇/正己烷/THF经索氏抽提法纯化过滤，最后得到产物。IIDG-P2分子的合成路线如图4-12所示。

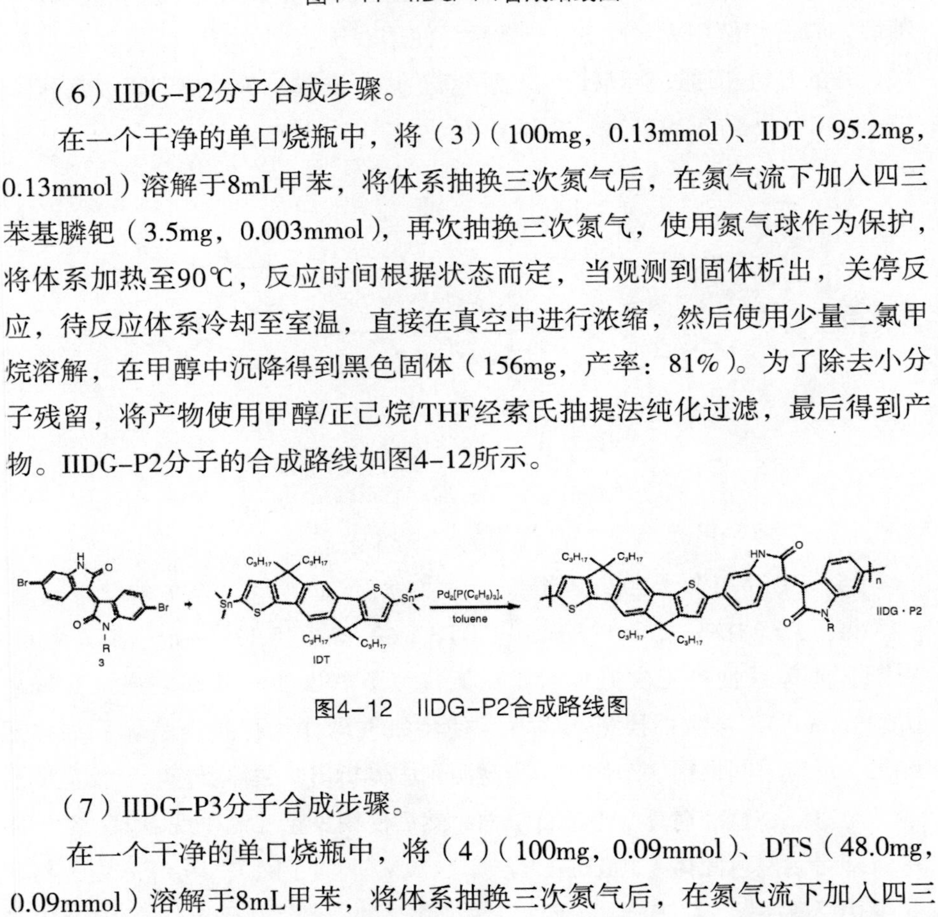

图4-12 IIDG-P2合成路线图

（7）IIDG-P3分子合成步骤。

在一个干净的单口烧瓶中，将（4）（100mg，0.09mmol）、DTS（48.0mg，0.09mmol）溶解于8mL甲苯，将体系抽换三次氮气后，在氮气流下加入四三苯基膦钯（3.5mg，0.003mmol），再次抽换三次氮气，使用氮气球作为保护，将体系加热至90℃，反应时间根据状态而定，当观测到固体析出，关停反应，待反应体系冷却至室温，直接在真空中进行浓缩，然后使用少量二氯甲烷溶解，在甲醇中沉降得到黑色固体（95mg，产率：81%）。为了除去小分子残留，将产物使用甲醇/正己烷/THF经索氏抽提法纯化过滤，最后得到产物。IIDG–P3分子的合成路线如图4–13所示。

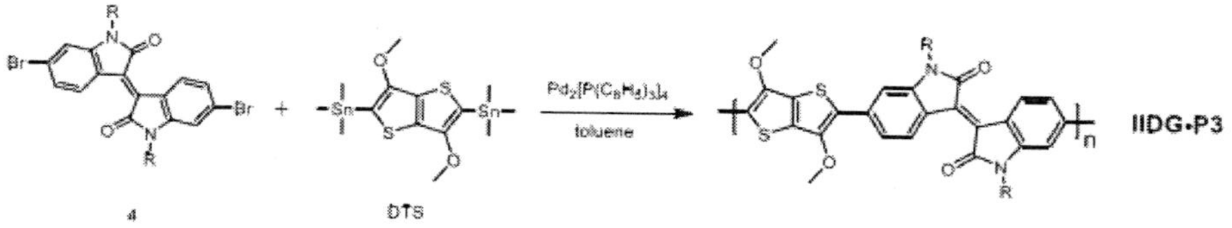

图4–13　IIDG–P3合成路线图

（8）IIDG–P4分子合成步骤。

在一个干净的单口烧瓶中，将（4）（100mg，0.09 mmol）、IDT（95.2mg，0.09mmol）溶解于8mL甲苯，将体系抽换三次氮气后，在氮气流下加入四三苯基膦钯（3.5mg，0.003mmol），再次抽换三次氮气，使用氮气球作为保护，将体系加热至90℃，反应时间根据状态而定，当观测到固体析出，关停反应，待反应体系冷却至室温，直接在真空中进行浓缩，然后使用少量二氯甲烷溶解，在甲醇中沉降得到蓝色固体（132mg，产率：81%）。为了除去小分子残留，将产物使用甲醇/正己烷/THF经索氏抽提法纯化过滤，最后得到产物。IIDG–P4分子的合成路线如图4–14所示。

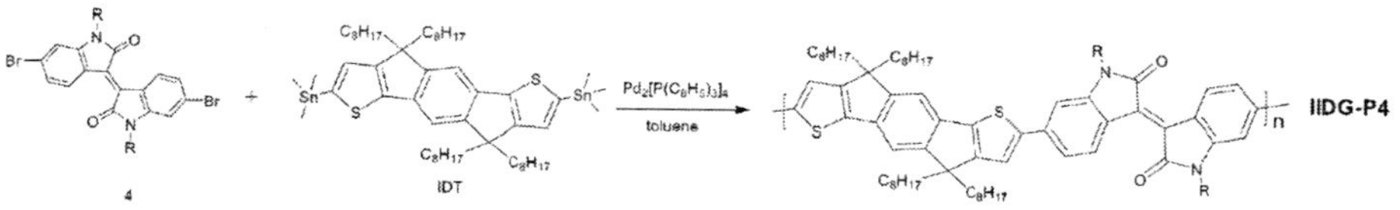

图4–14　IIDG–P4合成路线图

在本例中合成了四种基于IIDG的聚合物分子IIDG–P1、IIDG–P2、IIDG–P3、IIDG–P4。其中，在聚合物P1和P2中引入了分子间氢键，本次工作中的氢键引入是通过保留了IIDG分子核心酰胺氮上的氢键给体与临近分子酰胺上的羰基氧所实现的N…H…O结构。通过傅里叶红外测试证实了分子间氢键的存在，但由于巨大的烷基侧链扰动，氢键密度较低，尽管如此，通过其他测试还是证明了分子间氢键对分子堆积有一定的改善。这种策略也为科研人员开发IDG基半导体材料提供了新颖的思考方向。

4.3.2 酰亚胺类有机半导体材料应用于有机场效应晶体管

有机半导体材料是一类具有光电特性的化合物，主要分为有机小分子半导体材料和有机聚合物半导体材料，广泛应用在有机场效应晶体管、有机光敏二极管、有机太阳能电池等多个领域。酰亚胺类小分子具有良好的光电性能和较多的活性位点，有利于结构调控进而功能化，因此基于酰亚胺类的有机半导体材料被广大学者关注。

4.3.2.1 三苝单酰亚胺[3.3.3]螺桨烷类分子

三维刚性分子含有较大的分子内自由空腔，同时具有独特的立体分子构型，使其表现出独特的光电性质，并且具有对称结构的三维刚性分子更有利于实现载流子多方向传输，但是此类分子模型较少，主要以三蝶烯为主，因此提供一个高性能、稳定性好、具有对称结构的三维刚性分子模型是研究热点。随着研究的不断深入，三萘[3.3.3]螺桨烷（TNP）被提出，它相比于三蝶烯具备更多的反应活性位点，方便功能化修饰，其更大的π共轭结构有利于载流子传输。苝酰亚胺基团具备高平面性、强吸电子能力、高稳定性和良好的光电性能，常被引入分子骨架使分子的LUMO能级更深，有利于电子的注入；也可以通过在活性位点引入不同电子诱导效应的基团，改善分子的HOMO/LOMO能级，从而改变电学性能。

有机场效应晶体管的快速发展使其载流子迁移率也得到了量级的提升，人们在追求高性能有机场效应晶体管的同时也开始注重有机半导体材料的多功能性，比如应用于光电探测器。光电探测一直是有机场效应晶体管的一个重要应用方向，在目前n型有机半导体发展落后于p型有机半导体的情况下，发展基于n型有机半导体的光电探测器有利于未来实现有机互补逻辑电路。

基于以上理论背景，本例合成了三苯单酰亚胺[3.3.3]螺桨烷类分子（图4-15），并在活性位点上引入苯并呋喃和氰基来研究对器件光电性能的影响。

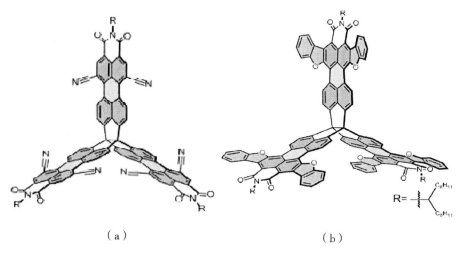

（a）　　　　　　　　　　　　　（b）

图4-15　三苯单酰亚胺[3.3.3]螺桨烷类分子

（a）TNP-6CN；（b）TNP-BF

（1）有机薄膜光敏场效应晶体管的构筑。

有机薄膜光敏场效应晶体管采用底栅底接触结构，其中栅极为氮掺杂硅，源漏电极为光刻好的金电极，绝缘层二氧化硅厚度为300nm，使用十八烷基三氯硅烷（OTS）。修饰二氧化硅表面以减少界面缺陷。

绝缘层基底的清洗：将硅片（光刻金电极）切割成合适的正方形尺寸，转移到聚四氟乙烯清洗模具内随后放入烧杯，加入去离子水并放入数控超声波清洗器中小功率超声清洗10min，向烧杯中依次加入30%过氧化氢和浓硫酸（体积比为3∶7），放在事先设定好90℃热台上浸泡20min。浸泡结束后使用去离子水冲洗三遍再用去离子水超声清洗10min，最后用异丙醇超声清洗两次，每次10min，清洗结束后用氮气将硅片表面附着的溶剂快速吹干备用。

绝缘层修饰（OTS修饰）：将清洗干净并吹干的硅片放至培养皿中并置于真空干燥箱90℃存放90min，用来除去硅片表面残留的溶剂分子。待到真空干燥箱降至50℃以下时进行绝缘层表面修饰，使用毛细管取一滴OTS溶液迅速滴至培养皿中央，随后放入真空干燥箱120℃存放120min。当真空干燥箱降至室温后，将硅片取出放置清洗模具中依次用正已烷、三氯甲烷、异丙醇超声清洗10min，清洗结束后用氮气吹干后即可得到OTS修饰的硅片。

有机薄膜的制备：对于化合物TNP-6CN采用旋涂法制备有机薄膜，整个过程在充满氮气的手套箱中进行，将其配制为10mg/mL的氯苯溶液，用移液枪将25μL溶液滴至硅片上，使用匀胶机设定3000rpm，40s旋涂成膜。对于化合物TNP-BF采用滴注法制备有机薄膜，将其配制成5mg/mL的氯苯溶液，将其滴至事先放置在60℃热台上的硅片，用移液枪将25μL溶液滴至硅片上，待溶剂完全挥发后成膜。对制备好有机薄膜进行退火处理，在高温条件下除去薄膜中残留的有机溶剂分子同时使有机小分子进行自组装提高薄膜质量，有利于载流子的传输。在有机薄膜晶体管光电性能测试之前，应将每个薄膜器件使用机械探针相互隔断，防止边缘电流效应导致器件载流子迁移率偏高的现象。

（2）有机单晶场效应晶体管的构筑。

有机单晶场效应晶体管采用底栅顶接触结构，其中栅极为氮掺杂硅，源漏电极为掩模法和贴金膜法搭建的金电极，绝缘层二氧化硅厚度为300nm，修饰层修饰使用OTS，基底的清洗和OTS修饰与上文相同。

有机单晶的制备：化合物TNP-6CN和TNP-BF采用滴注法制备有机单晶，将化合物TNP-6CN和TNP-BF分别配制成浓度为0.3mg/mL和0.1mg/mL甲苯溶液，待完全溶解后过滤到干净的样品瓶内备用。将修饰好OTS的硅片放置在干净的称量瓶底部，用移液枪将35μL溶液滴至硅片上，再将100μL甲醇滴至称量瓶底部当作不良溶剂氛围，盖上称量瓶盖并将称量瓶放置在25℃左右的环境下，静置待其溶剂挥发完全，最后将硅片取出放入真空干燥箱中90℃存放120min用来除去硅片上残留的有机溶剂。

对基于三苝单酰亚胺[3.3.3]螺桨烷类分子TNP-6CN和TNP-BF的有机薄膜光敏晶体管和有机单晶场效应晶体管进行一系列表征和光电性能测试。通过密度泛函理论计算得出两种化合物的LUMO能级和HOMO能级，在分子骨架引入吸电子基团氰基使分子的LUMO能级变深器件表现出n型传输特性，引入给电子基团苯并呋喃使分子HOMO能级变浅器件表现出p型传输特性。从紫外吸收光谱薄膜状态下TNP-6CN发生了13nm红移，说明其薄膜π-π堆积更强。对薄膜表面形貌进行原子力显微镜表征，结果得出通过旋涂法制备的TNP-6CN薄膜更加连续平整，且更有利于载流子传输。

4.3.2.2 苝单酰亚胺曲面类分子

在有机半导体材料中，平面分子普遍具备较大的共轭体系和较强的分子间π-π相互作用，有利于分子的堆积更为紧密进而表现出较好的光电性能。但是随着化合物共轭体系的不断拓展，其溶解度也在不断下降，不仅在分离提纯上具有一定的困难，同时限制了器件的制备工艺手段，为了解决上述问题，具有良好溶解性的曲面分子得到了发展。苝酰亚胺作为n型半导体材料常被引入分子骨架，增大分子的共轭体系的同时使分子的LUMO能级变深，更有利于电子的传输，并且在苝酰亚胺的N原子上引入不同长度的烷基链会影响分子的堆积，进而影响器件迁移率。

基于以上理论背景，本例合成了苝单酰亚胺曲面类分子（图4-16），并在活性位点上引入不同长度的烷基链来研究对器件光电性能的影响。

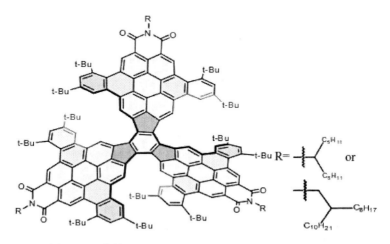

图4-16 苝单酰亚胺曲面类分子：5H-C$_{5,5}$和5H-C$_{8,12}$

有机薄膜场效应晶体管的构筑过程如下所述。

有机薄膜场效应晶体管采用底栅底接触结构，其中栅极为氮掺杂硅，源漏电极为光刻好的金电极，绝缘层二氧化硅厚度为300nm，修饰层修饰使用十八烷基三氯硅烷（OTS），基底的清洗和OTS修饰与前文相同。

有机薄膜的制备：采用旋涂法制备有机薄膜，整个过程在充满氮气的手套箱中进行，将化合物$5H-C_{5,5}$和$5H-C_{8,12}$配制为10mg/mL的氯苯溶液，用移液枪将$25\mu L$溶液滴注硅片上，设定匀胶机2000rpm，40s旋涂成膜，随后将制备好的有机薄膜进行退火处理。

通过对基于苝单酰亚胺曲面类分子$5H-C_{5,5}$和$5H-C_{8,12}$的有机薄膜场效应晶体管进行一系列表征和光电性能测试，得出化合物$5H-C_{5,5}$。由于堆积过程中分子间$\pi-\pi$相互作用较弱，不利于载流子传输既而不具备稳定的导电沟道；而化合物$5H-C_{8,12}$薄膜器件表现为双极性传输。这是由于化合物$5H-C_{8,12}$薄膜粗糙度较低更为连续，同时根据分子堆积模式推测，长烷基链的引入有利于薄膜面内堆积更为紧密，进而有利于载流子传输。

4.3.3　多环芳烃分子有机半导体材料应用于有机场效应晶体管

有机场效应晶体管自提出以来便是人们研究的热点，有机半导体材料更是有机场效应晶体管研究的核心，性能各异的有机分子层出不穷，其中多环芳烃类化合物由于具有$\pi-\pi$共轭面积大、光电性能独特等优点，成为了人们关于有机小分子的重点研究方向之一。多环芳烃是指稠和多个苯环的π共轭扩展的分子，根据π平面的不同，多环芳烃可以分为平面多环芳烃和曲面多环芳烃。在过去的有机半导体研究中，平面多环芳烃一直是人们研究的重要方向，相比之下，对于曲面多环芳烃的研究很少。曲面多环芳烃的研究存在着诸多难点，首先曲面多环芳烃分子具有复杂的结构，这导致其难以合成，其次多环芳烃在晶体中的分子堆积方式难以预测。但相比于溶解性很差的平面多环芳烃，曲面多环芳烃可以减小分子内空间阻力，使得材料自发聚集的可能性减小，从而提高了材料的溶解度。除此之外，曲面结构具有较多的载流子传输通道，能提高有机场效应晶体中有机半导体材料的载流子传输性能。

4.3.3.1 基于曲面多环芳烃扇贝状分子的有机场效应晶体管

下面设计合成了一种含有新型C_{70}片段结构的扇贝状分子，并在分子骨架的不同位置分别引入三（异丙基）硅炔基与叔丁基，得到了PAHs-1和PAHs-2两种扇贝状多环芳烃（图4-17）。

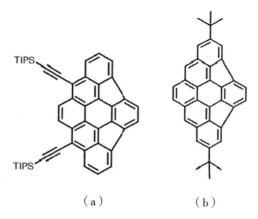

（a） （b）

图4-17 曲面多环芳烃扇贝状分子

（a）PAHs-1；（b）PAHs-2

有机场效应单晶晶体管的制备过程如下。

硅片预处理：将硅片用玻璃刀切割成1cm×1cm的正方块，转移至聚四氟乙烯的栅格中，然后将其置于装有去离子水的烧杯中超声10min，结束后清空烧杯，再向烧杯中加入食人鱼溶液（过氧化氢和浓硫酸体积比为3：7的混合溶液）直至完全浸没硅片，将烧杯置于100℃的热台上加热20min。将混合溶液倒入废液缸，用去离子水将硅片冲洗3次后放入超声波清洗器中清洗10min，倒掉去离子水加入异丙醇，在超声波清洗器中清洗两次，每次10min，最后用高压氮气将硅片吹净，置于洁净培养皿中待用。

2-cyclohexyldodecylphosphonic acid（CDPA）修饰：将培养皿置于O_2 plasma对硅片进行15min的处理。在真空手套箱称取0.1125g Al（NO$_3$）$_3$·9H$_2$O

与3mL无水乙醇配置成溶液，并加入磁子置于加热磁力搅拌器搅拌15min，结束后使用滤头将溶液过滤入干净的样品瓶中。将硅片置于匀胶机上旋涂Al（NO$_3$）$_3$的无水乙醇溶液，转速5000rpm，时间40s。将旋涂结束的硅片转移到培养皿中，并在加热磁力搅拌器上300℃加热30min，结束后置于UV-O$_3$中处理10min，倒入CDPA的异丙醇溶液（0.5mg/mL）并浸泡过夜。将硅片转倒至聚四氟乙烯的栅格中，并放入烧杯中，再加入异丙醇溶液超声清洗10min，最后用高压氮气将硅片吹净，置于洁净培养皿便可使用。

微纳晶的制备：将PAHs-1和PAHs-2各取1mg加入到4mL的样品瓶中，分别加入1mL氯苯溶液置于超声波清洗器中直至溶质完全溶解，结束后使用滤头将溶液过滤入干净的样品瓶中（使用前用高压氮气冲洗瓶壁及瓶盖）。用无水乙醇清洗称量瓶和载玻片，并用吹风机吹干，将载玻片放入称量瓶，并将硅片放在载玻片上，用微量加样器吸取50μL样品溶液滴在硅片上，使溶液完全浸润硅片。向PAHs-1和PAHs-2的周围分别滴入50μL甲醇和100μL正己烷形成不良溶剂氛围，使溶剂自然挥发，尽量保证称量瓶周围无太阳光直接照射，温度和湿度稳定，周围无明显震源。溶剂完全挥发后，把硅片转移到干净的培养皿中，将培养皿置于90℃的真空干燥箱中干燥120min用以去除未挥发的溶剂。

有机单机场效应晶体管的构筑：实验中所采取的器件构型均为底栅顶接触构型，栅极为氮掺杂的硅片，绝缘层为AlO$_x$/SiO$_2$双绝缘层，并以CDPA进行修饰，半导体层为溶液法得到的有机微纳晶，源漏电极为金，采用贴金膜法进行电极的构筑，电极厚度为100nm。

本例合成了一种含有新型C$_{70}$片段结构的扇贝状分子，通过在扇贝状分子的分子骨架侧边引入了三（异丙基）硅炔基以及两端引入了叔丁基，合成了两种扇贝状分子衍生物。从单晶数据中可知，两种分子都具有碗状结构，但是由于取代基位置的不同，两者的分子堆积并不相同。PAHs-1通过凹凸π-π作用力形成了一维π-π堆积，而PAHs-2因为两端叔丁基空间位阻的影响产生了滑移的二聚体结构，但二聚体内部仍然存在凹凸π-π作用力，形成类鱼骨状堆积。

4.3.3.2 基于曲面多环芳烃碗状分子的有机场效应晶体管

同为富勒烯，目前对于C_{70}片段分子的研究就较为稀少，C_{70}的结构类似于用一个含十个苯环的圆环将两个C_{60}的半球连接在一起，因此C_{70}的片段分子的结构相比于C_{60}片段分子具有较大的差异，这可以提供一个全新视角来研究富勒烯的光电性质。C_{70}的片段分子同样具有碗状结构，由于取代基的不同而导致其性能有着巨大差异，这表明合理设计并优化C_{70}的片段分子具有广阔的前景。

本例利用三（异丙基）硅炔基和吡啶杂环取代基，并引入C_{70}片段分子的分子骨架中，得到了DDP-PRY和DDP-TIPS两种碗状多环芳烃（图4-18）。

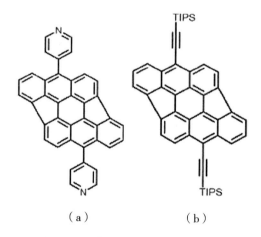

图4-18　曲面多环芳烃碗状分子

（a）DDP-PRY；（b）DDP-TIPS

有机场效应单晶晶体管的制备过程如下。

本实验中基板仍采取带有300nm SiO_2的氮参杂硅片，但采用十八烷基三氯硅烷（Octadecyl Trichloro Silane，OTS）修饰，硅片的制备以及预清洗参考上一小节。

OTS的修饰：将清洗后的硅片转移到干净培养皿中，然后放入真空干燥箱在90℃的条件下干燥90min，用于去除硅片上残留的细微溶剂。等温度降到50℃时，取一滴OTS溶液快速滴在培养皿的中央，随后将温度升到120℃加热120min，进行OTS的修饰。当温度降至室温时，将硅片转移至聚四氟乙烯的栅格中，并放入烧杯中，依次加入正己烷、三氯甲烷、异丙醇超声10min，最后用高压氮气把硅片吹净，并置于样品盒中以待使用，每次使用前需用高压氮气吹去浮尘。

有机微纳晶的制备：将DDP-PRY和DDP-TIPS配置成1mg/mL的甲苯溶液，并用滤头将溶液过滤入干净的样品瓶。用无水乙醇将称量瓶和载玻片进行清洗，并用吹风机吹干。将称量瓶置于避光且周围无明显震源的环境中，将载玻片置于称量瓶，再将硅片放在载玻片上，用微量加样器吸取50μL溶液滴在硅片上，使其完全浸润硅片，并吸取100μL甲醇滴在载玻片周围形成不良溶剂氛围。等到溶剂完全挥发，把带有微纳晶的硅片转移到干净培养皿中，将培养皿置于90℃的真空干燥箱中干燥120min。

有机单机场效应晶体管的构筑：实验中所采取的器件构型均为底栅顶接触构型，栅极为氮掺杂的硅片，绝缘层为300nm二氧化硅，并以OTS进行修饰，半导体层为溶液法得到的有机微纳晶，源漏电极为金，采用贴金膜法进行电极的构筑，电极厚度为100nm。

4.4　有机场效应材料的应用

OFET具有固有的柔性、重量轻、功耗低、易于集成、灵敏度高、可大面积制造等优点，应用广泛，尤其在柔性电子领域具有广阔的发展前景。

柔性电子作为一个新兴研究领域，在过去几十年中，因在可卷曲显示屏、智能识别卡以及可穿戴和植入式电子产品中的广泛应用而受到关注。柔性电子是指一类特殊的薄膜电子设备，在受到机械弯曲、折叠、扭曲、压缩和拉伸时，仍能保持相对稳定的电气性能。柔性同时具开关、放大器的功能，可用于可滚动显示器、可弯曲智能卡、贴合传感器和人造皮肤的传感器、驱动器和数据存储组件。由于易于小型化和集成，OFET在构建柔性数字电路块和微处理器的关键单元方面具有巨大潜力。

4.4.1 传感器领域

4.4.1.1 温度传感器

OFET（场效应晶体管）材料在温度传感器领域表现出优越的热电性能，这使得其能够将温度变化有效地转化为电信号，从而实现对温度的高精度测量。这一特性使得OFET温度传感器在智能设备、航空航天、汽车电子等关键领域具有广泛的应用价值。

OFET温度传感器的工作原理基于热电效应，即材料在温度变化时产生内部电场，从而在电极之间产生电压差。这种电压差可以被测量并转换为温度信息。相较于传统的热敏电阻和热电偶等温度传感器，OFET材料具有更高的灵敏度和更宽的温度范围，使其能够更准确地测量环境温度。

OFET温度传感器在智能设备中的应用主要体现在其可以实时监测设备的温度，并将其转换为可读的温度数据。这些数据可以被用于设备的优化运行、预测故障以及节能等方面。例如，在智能手机中，OFET温度传感器可以实时监测电池的温度，从而提高电池寿命和安全性。

在航空航天领域，OFET温度传感器可以用于监测飞机、火箭等飞行器的温度，以确保其正常运行。此外，OFET温度传感器还可以用于监测飞行器的舱内环境温度，为航天员提供舒适的生活环境。

在汽车电子领域，OFET温度传感器可以用于监测汽车发动机、电池等关键部件的温度，以确保汽车的安全运行。此外，OFET温度传感器还可以用于监测车内环境温度，为乘客提供舒适的乘车环境。

通过OFET温度传感器，可以实现对环境、设备和交通工具的实时、高精度温度监测，从而提高生产效率、确保安全和提高生活质量。然而，OFET温度传感器的研究和应用仍面临诸多挑战，如何提高传感器的灵敏度和稳定性、降低成本等。

4.4.1.2 热成像传感器

在实际应用中，OFETs热成像传感器具有以下优势：首先，其灵敏度较高，能够对微弱的温度变化进行准确检测，这在很多场景下具有重要的实际意义。例如，在医疗诊断领域，OFETs热成像传感器可以实现对患者体温的实时监测，有助于及早发现并治疗潜在的疾病。其次，OFETs材料具有较快的响应速度，使其能够快速响应环境温度的变化，这在安防监控、环境监测等领域具有显著优势。例如，在安防监控领域，OFETs热成像传感器可以实现对目标快速识别和跟踪，提高监控效率。

此外，OFETs热成像传感器还具有较低的能量消耗和较长的使用寿命等优点。这使得OFETs热成像传感器在实际应用中具有更高的性价比。在医疗诊断领域，OFETs热成像传感器可以实现对患者体温的实时监测，有助于提高医疗设备的能源效率，降低医疗成本。

然而，OFETs热成像传感器在实际应用中也面临一些挑战。例如，OFETs材料的制备工艺尚不成熟，这限制了其在热成像传感器领域的应用。此外，OFETs热成像传感器的性能和稳定性还需要进一步提高，以满足实际应用的需求。

为了克服这些挑战，科研人员正在努力提高OFETs热成像传感器的性能和稳定性。例如，通过改进制备工艺，提高材料的纯度和均匀性，以降低制备成本和提高传感器的灵敏度。此外，研究人员还通过改变材料的结构，以提高传感器的响应速度和选择性，从而提高传感器的性能。

4.4.1.3 应力传感器

OFETs具有较高的灵敏度和选择性，使其在应力传感器领域具有独特的优势。在实际应用中，OFETs传感器可以实现高精度的应力测量，有助于准确地揭示结构件的应力分布情况。此外，OFETs传感器的响应速度快，能够实时监测应力的变化，为结构安全性评估提供了实时、准确的监测数据。

值得注意的是，OFETs传感器在应力监测领域的应用不仅局限于大型结构的监测，还可以扩展到其他领域，如生物医学、环境监测等。在生物医学领域，OFETs传感器可以用于检测生物体内组织的应力变化，为疾病的诊断和治疗提供新的手段。在环境监测领域，OFETs传感器可以用于实时监测大气、水质等环境参数的应力变化，为环境保护提供科学依据。

4.4.1.4 湿度传感器

OFET材料对湿度变化具有良好的响应性，这使得OFET湿度传感器在智能家居、气象监测、农业等领域具有广泛的应用前景。

OFET湿度传感器的工作原理是基于材料对湿度的敏感性。OFET材料是一种具有场效应晶体管（FET）特性的半导体材料，其内部存在可调控的离子通道，可以通过改变电压或电场来调节通道的开闭程度。当环境湿度发生变化时，OFET材料表面的水分会吸附在电极上，改变电极的电势，从而影响OFET材料的导电性能。通过测量OFET材料的导电性能变化，可以实现对环境湿度的实时监测。

OFET湿度传感器具有灵敏度高、响应速度快、选择性好、稳定性强等优点。OFET材料对湿度的响应速度快，可以实现对环境湿度变化的实时监测；OFET材料具有较高的灵敏度，可以检测到微小的湿度变化；OFET材料的选择性好，可以避免对其他环境因素的干扰；OFET材料稳定性强，可以长期稳定工作。

OFET湿度传感器在智能家居、气象监测、农业等领域具有广泛的应用前景。在智能家居领域，OFET湿度传感器可以实现对室内湿度的实时监测，为家庭环境提供舒适度调节的依据；在气象监测领域，OFET湿度传感器可以实现对大气湿度的实时监测，为气象预报提供数据支持；在农业领域，OFET湿度传感器可以实现对农田湿度的实时监测，为农业生产提供科学依据。

4.4.1.5　气体传感器

OFET具有高效、灵敏、响应快等特点，使其成为实现对有害气体、可燃气体等实时监测的理想选择。在环境监测、安全生产、智能家居等领域，OFET气体传感器具有重要的应用价值。

OFET气体传感器的基本原理是基于有机场效应晶体管的场效应气体传感特性。该传感器的工作原理是基于离子迁移的电导率变化，通过监测气体分子与半导体材料表面的相互作用，从而实现对特定气体的检测。有机场效应晶体管具有快速响应、高灵敏度、低功耗等优点，这使得OFET气体传感器在环境监测、安全生产和智能家居等领域具有广阔的应用前景。

在环境监测领域，OFET气体传感器可以实时监测大气中的有害气体浓度，如二氧化硫、氮氧化物等。这些有害气体对人体健康和生态环境具有极大的危害，因此，实时监测和预警至关重要。OFET气体传感器可以实现对这些有害气体的快速响应，为环境保护提供重要的技术支持。

在安全生产领域，OFET气体传感器可以用于检测危险化学品泄漏、爆炸性气体等。这些物质对人员、设施和环境具有极大的危害，因此，及时发现和预警至关重要。OFET气体传感器具有较高的灵敏度和选择性，能够准确地识别和检测特定气体，为安全生产提供重要的保障。

在智能家居领域，OFET气体传感器可以用于监测室内空气质量，如二氧化碳、挥发性有机化合物等。这些物质对人体健康和舒适度具有极大的影响，因此，实时监测和控制至关重要。OFET气体传感器可以实现对室内空气质量的实时监测，为智能家居提供重要的技术支持。

OFET气体传感器在实际应用中还存在一些挑战，如传感器灵敏度、选择性、稳定性、耐久性等。为了提高OFET气体传感器的性能，研究者们一直在寻求新的材料和制备方法。例如，通过掺杂不同的半导体材料、改变晶体结构、优化器件结构等手段，可以提高OFET气体传感器的灵敏度和选择性，从而实现更高的检测性能。

4.4.2 柔性显示器领域

OFET是一种新型的基于有机半导体材料的晶体管，具有轻薄、柔韧、可大面积制备等显著优势。在过去的几年中，OFET在柔性显示器领域得到了广泛的关注和应用。柔性显示器是一种可以实现弯曲、折叠甚至卷曲的显示设备，相较于传统的刚性显示器，它具有更轻薄的设计、更便捷的操作和可穿戴的特性。在可穿戴设备、智能家居、广告展示等领域，柔性显示器具有广阔的应用前景。OFET作为柔性显示器的关键技术之一，其性能和成本的发展将对柔性显示器的发展产生直接影响。

4.4.2.1 驱动电路

OFETs具有柔性、可折叠、自修复等特性，使其在柔性显示器领域具有广阔的应用前景。通过优化OFETs的性能和制备工艺，可以实现对显示像素的精确控制，从而提高柔性显示器的分辨率、对比度和响应速度。

在柔性显示器的驱动电路中，OFETs可以作为关键的驱动器件。相较于传统的显示驱动电路，OFETs具有以下优势：首先，OFETs具有低功耗、高灵敏度、快速响应等特点，可以实现对显示像素的精确控制，从而提高显示器的性能。其次，OFETs具有可折叠、自修复等特性，可以适应柔性显示器的设计需求，提高显示器的实用性。此外，OFETs还具有制备工艺简单、成本低等优点，可以降低柔性显示器的生产成本。

然而，当前OFETs在柔性显示器驱动电路中的应用还存在一些挑战。首先，OFETs的性能受到制备工艺的影响较大，制备工艺的优劣直接影响到OFETs的性能。因此，优化制备工艺是提高OFETs性能的关键。其次，OFETs的驱动电路设计复杂，需要考虑的因素较多，如电压、电流、功耗等。因此，设计合理的驱动电路是实现OFETs在柔性显示器驱动电路中应用的关键。

为了解决上述问题，研究人员已经开展了大量的研究工作。例如，通过优化材料结构、制备工艺等方法，提高OFETs的性能。同时，研究人员还设计了一些新的驱动电路，以适应OFETs的特点。例如，采用多级驱动电路，可以实现对显示像素的精确控制；采用低功耗设计，可以降低驱动电路的功耗；采用自修复设计，可以提高驱动电路的可靠性等。

4.4.2.2　柔性衬底

OFET在柔性的塑料或金属箔片衬底上具有显著的制备优势，实现了与柔性显示器的无缝集成。这一策略不仅有助于降低柔性显示器的厚度和重量，同时也提升了其柔韧性和可穿戴性能，为显示技术领域带来了全新的可能。

在过去的几年中，柔性显示器的研究和开发已经取得了显著的进展。柔性显示器以其轻便、柔韧、可穿戴等特性，吸引了越来越多的关注。然而，传统的显示技术往往受到厚度和重量的限制，使得柔性显示器的实际应用受到一定的局限。为了解决这一问题，研究者们开始探索利用有机场效应晶体管（OFET）来实现柔性显示器的制备。

OFET是一种新型的场效应晶体管，其具有自清洁、低功耗、可柔性等特点，被认为是实现柔性显示器的关键技术。在柔性衬底上制备OFET，可以有效降低显示器的厚度和重量，同时提高其柔韧性和可穿戴性。这一策略为实现柔性显示器的实际应用提供了新的可能性。

柔性衬底的选择对于OFET的制备具有重要的影响。塑料和金属箔片等柔性的衬底材料，可以有效降低OFET的制备成本，同时也可以提高其柔韧性和可穿戴性能。相比于传统的玻璃基板，柔性衬底在制备柔性显示器方面具有明显的优势。

在实际应用中，OFET制备在柔性衬底上的策略已经得到了验证。通过将OFET制备在柔性塑料或金属箔片衬底上，研究者们成功实现了与柔性显示器的无缝集成。这一策略不仅有助于降低柔性显示器的厚度和重量，同时也提升了其柔韧性和可穿戴性能。这一成果为柔性显示器的发展带来了新的机遇，也为OFET在柔性显示器中的应用提供了重要的理论支持。

4.4.2.3 高效能源管理

OFET在柔性显示器电源管理电路中的应用，实现了对显示设备的高效能源管理，有助于降低柔性显示器的功耗并延长其使用寿命。这一发现为实现节能减排提供了新的途径，对于推动绿色可持续发展具有重要意义。

OFET是一种新型的半导体器件，具有低功耗、高频率响应和柔性等特点，使其在柔性显示器领域具有广泛的应用前景。通过将OFET应用于柔性显示器的电源管理电路，可以实现对显示设备的高效能源管理。

在传统的显示器电源管理电路中，由于存在复杂的电路结构和较大的功耗，导致显示器的能效较低。而OFET具有较低的导通电阻和较快的开关速度，可以有效降低电源损耗并提高能效。此外，OFET还具有较高的频率响应，使其在高速数据传输和显示应用中具有优越性能。

在实际应用中，OFET在柔性显示器电源管理电路中的应用效果显著。研究人员采用OFET作为柔性显示器的电源管理器件，实现了显示器的低功耗运行。实验结果表明，与传统电源管理器件相比，OFET在降低功耗和延长使用寿命方面具有明显优势。

此外，OFET在柔性显示器中的应用还有助于实现绿色、低碳的能源管理。在现代社会，能源消耗和环境污染问题日益严重，如何提高能源利用效率和降低能源消耗已成为全球关注的焦点。OFET的高能效特性为解决这一问题提供了新的思路。

4.4.3 生物医学领域

在生物医学领域，有机场效应晶体管（OFET）作为一种具有巨大潜力的器件，已被广泛应用于生物传感器、药物释放系统等关键领域。这些生物医学器件在实时监测和治疗生物分子、细胞等方面具有显著优势，对于疾病诊断和治疗具有重要意义。

生物传感器是OFET最为常见的应用领域，可用于实时监测生物分子如蛋白质、DNA等的浓度变化。此外，OFET还可用于制备药物释放系统，实现对特定部位和时间的药物输送，提高药物治疗的精确性和安全性。此外，OFET在组织工程和再生医学领域也具有广泛的应用前景，如用于组织修复、软骨再生等。

然而，OFET在生物医学器件领域仍面临诸多挑战。首先，OFET的性能受到制备工艺和材料选择的影响。为了提高OFET在生物医学领域的应用性能，需要优化制备工艺和选择合适的材料。其次，生物医学器件的安全性和稳定性也是OFET需要克服的重要问题。在实际应用中，OFET可能会受到生物体内环境的影响，如pH、温度等因素，这可能导致器件性能下降或失效。因此，对OFET的材料和制备工艺进行安全性评估，确保其在生物医学领域的应用安全可靠，是未来研究的重要方向。

4.4.4 无线通信和射频识别领域

OFETs的轻薄和柔韧特性使得其在制作无线通信器件时具有很大的优势。由于OFETs具有高度可调节的特性，因此可以轻松实现器件尺寸的缩小和重量减轻，这有助于提高器件的便携性和舒适性。此外，OFETs的柔韧性也使其在制作柔性显示屏、可穿戴设备等领域具有巨大的潜力。

在无线通信领域，OFETs可用于制作天线、射频前端等器件。由于OFETs具有较高的电导率和较低的介电常数，因此可以实现较高的频率响应和较低的损耗。此外，OFETs的制备工艺相对简单，成本较低，因此在无线通信器件的生产中具有很大的优势。OFET制成的天线具有轻薄、柔韧、低成本等特点，可以轻松地安装在各种家居环境中。此外，OFET制成的天线还可以实现较高的频率和较远的读写距离，从而满足智能家居对无线通信的需求。

在射频识别（RFID）领域，OFETs可用于制作RFID标签。由于OFETs具有较高的导电性和较低的介电常数，因此可以实现较高的信噪比和较长的读取距离。此外，OFETs的制备工艺相对简单，成本较低，因此在RFID标签的生产中具有很大的优势。此外，OFET还具有较低的功耗和较长的使用寿命，这使得OFET制成的RFID标签在物联网应用中具有更高的可靠性和稳定性。

第5章　有机光致变色材料

　　由于光具有可再生、易于调控等优势，因此利用光刺激去调控物质结构及性质具有环保且广泛的应用前景。因此，近年来光致变色材料得到了极大的发展，在光学镜片、光学存储、光学传感、防伪等领域得到了不少的应用。而相较于无机光致变色材料，有机光致变色材料具有用量少、响应快的优势。本章主要对有机光致变色材料的机理与发展、偶氮苯类有机光致变色材料、二芳基乙烯类有机光致变色材料、俘精酸酐类有机光致变色材料、螺环类有机光致变色材料、有机光致变色材料的应用等内容展开叙述与分析。

5.1　光致变色材料的机理与发展

　　对有机光致变色化合物的研究由来已久。从M. Fritsche在1867年首次发现了化合物并四苯暴露在空气和光中会由最初的黄色变成后来的无色，而施加一定的热量又会重新变为黄色的行为[1]，到1889年Marekwald发现苯并叉和四氯代-萘酮在强光环境颜色由无到紫，在暗处又能重新回归无色的现象并提出"光致变色"的概念[2]，再到1958年Hershberg发现了一系列螺吡喃类化合物的类似行为并首次将之定义为"光致变色现象"[3]，于是光致变色现象受到越来越多的关注，并引起广泛的研究。而且为应对恶名昭著的ACQ效应，聚集诱导发光（AIE）与有机光致变色染料的结合也是人们关注的一个热点。

　　如图5-1所示，光致变色现象是指在光诱导条件下，化合物R经过光化学反应转化为产物P，在　　光照或加热条件下由颜色较深的化合物P可逆地返回到颜色较浅的化合物R。如果两种化合物吸收波长峰值相差较大，则颜色区别明显。

　　工业中可以批量生产的光致变色材料应该具备如下条件：两种异构体在一定时间范围内都能稳定存在；反应物和产物之间可多次循环；吸收光谱处于可见光区域；响应速度快；灵敏度高等。

　　光致变色材料可以分为无机材料和有机材料两类，无机材料主要是通过金属离子价态转换实现可逆变色，其热力学稳定、耐用性强且耐氧化。但是

---

① Hirshberg Y.Reversible formation and eradication of colors by irradiation at low temperatures. A photochemical memory model[J].Journal of the American Chemical Society，1956，78（10）：2304-2312.

② Hirshberg Y，Fischer E.Photochromism and reversible multiple internal transitions in some spiro Pyrans at low temperatures.Part Ⅱ[J].Journal of the Chemical Society，1954：3129-3137.

③ Hirshberg Y，Fischer E.Multiple reversible color changes initiated by irradiation at low temperature[J]. The Journal of Chemical Physics，1953，21（9）：1619-1620.

灵敏度稍逊于有机光致变色材料，并且分子修饰和剪裁难度较大。现阶段研究较多的有金属叠氮化合物、过渡金属氧化物和金属卤化物等。

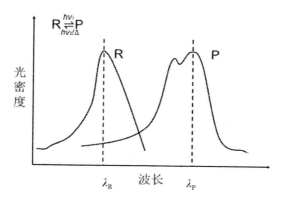

图5-1　光致变色反应原理

有机光致变色材料可以通过化合键的顺反异构、均裂或异裂、质子转移互变异构或者氧化还原反应等实现可逆变色。

有机光致变色材料从机理上可分为顺反异构、键的断裂、质子转移互变异构、氧化还原反应及环化反应五大类。

（1）顺反异构型光致变色材料。

常见的顺反异构型光致变色材料种类包括偶氮苯、二苯乙烯类。如图5-2所示，偶氮苯作为一类常见的光致变色材料，在一定的电磁波长或温度等条件的刺激下能够实现围绕N=N键的顺反异构。而二苯乙烯类也类似于偶氮苯类的表现形式。同时，这类顺反异构变色材料普遍存在着顺式稳定性差，现象变化不明显的问题，这也极大地限制了这类材料的应用。

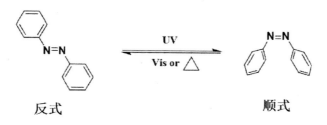

图5-2　偶氮苯光致变色变化示意图

（2）键的断裂型光致变色材料。

常见的键的断裂型光致变色材料包括螺吡喃类、六芳基双咪唑类、三芳基甲烷类等。应用最为广泛的为螺吡喃类，如图5-3所示，在紫外光和日光的刺激下，这种材料可以在闭环构型和开环花菁构型之间进行转换，从而达到着色和变透明的效果，由于花菁构型具有一定的螯合能力，所以这类分子广泛应用于离子识别、生物成像、药物载体等领域。但同时这类分子存在着室温寿命短的问题。

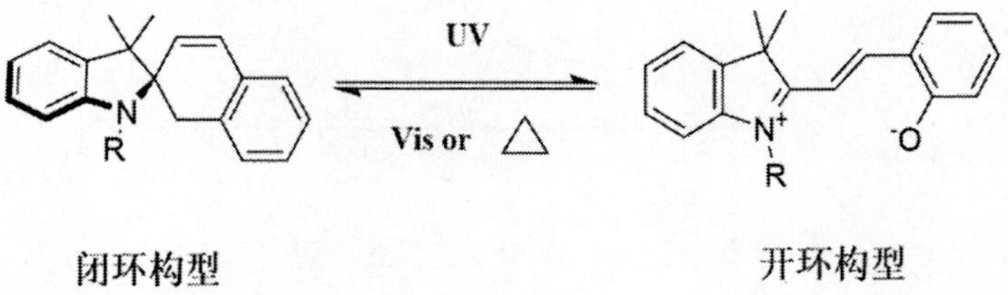

闭环构型　　　　　　　　　　　　　　　开环构型

图5-3　螺吡喃光致变色变化示意图

（3）质子转移互变异构型光致变色材料。

常见的质子转移互变异构型光致变色材料包括水杨醛缩苯胺类席夫碱类，如图5-4所示，这类材料由于在紫外光的照射下位于羟基上的氢可转移到氮上，从而使分子从烯醇式转变为酮式，因此材料发生了颜色变化。这类变色材料具有容易制备为晶体，耐疲劳的优势，因此被广泛用于光变色晶体学的研究和应用中，但同时这类分子也存在着产物稳定性差的问题。

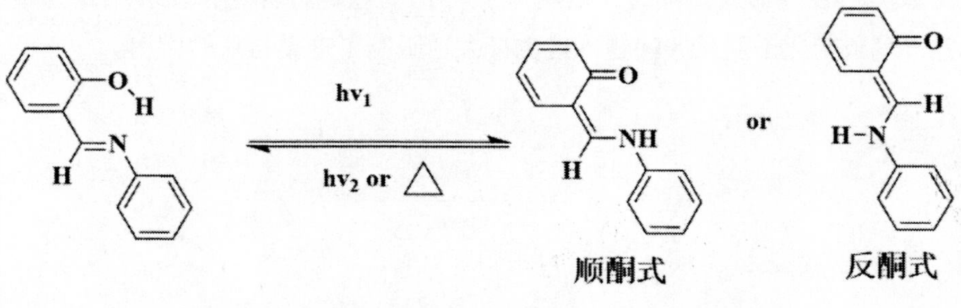

顺酮式　　　　　　　　反酮式

图5-4　水杨醛缩苯胺类席夫碱光致变色变化示意图

（4）氧化还原型光致变色材料。

常见的氧化还原型光致变色材料包括稠环芳香化合物、硫氮杂苯衍生物以及紫精类等。紫精化合物是指一类含有N，N'-二取代-4，4'-联吡啶的阳离子盐，如图5-5所示，其可在光、电等多种刺激下发生氧化还原反应，当经历光照发生单电子转移的还原反应后可生成深色的含有单个吡啶氮阳离子的自由基，随着再次的单电子转移，又可转变为电中性的吡啶氮原子。目前，这种材料在超分子器件、有机电池等领域被广泛研究和应用，但是这种紫精化合物普遍存在着阳离子自由基态不稳定的问题。

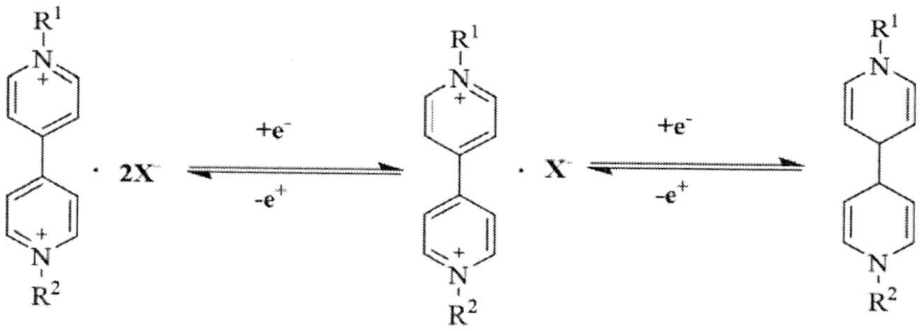

图5-5 紫精化合物氧化还原反应示意图

（5）环化反应型光致变色材料。

常见的环化反应型光致变色材料包括二芳基乙烯类以及俘精酸酐类。二芳基乙烯类指的是一种两个芳基取代的一类乙烯衍生物，具有位于中心的乙烯桥及两侧杂芳环两个独立的单元，如图5-6所示，在紫外光的照射下，其可发生可逆的电环化反应，在闭环时显示出颜色，而开环后颜色消失。由于其稳定性好、响应速度快，所以在防伪、信息存储、逻辑门等方面得到了广泛的应用。

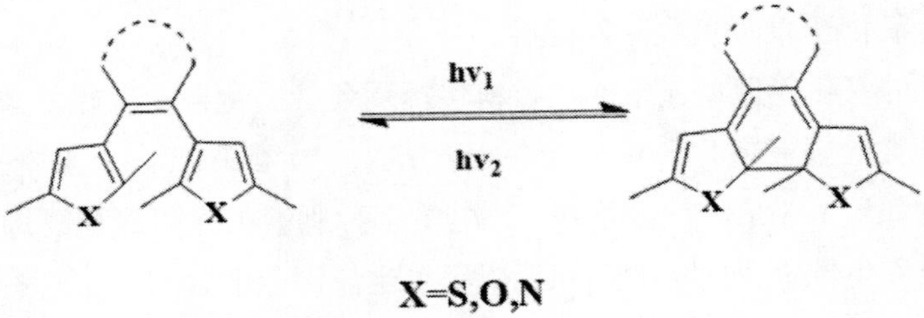

$$X=S,O,N$$

图5-6 二芳基乙烯光致变色变化示意图

有机变色材料可以分为热不稳定型（T型）或者热稳定型（P型）。目前可以应用到生产生活的有螺吡喃和螺噁嗪类、俘精酸酐类、偶氮苯类、水杨醛缩苯胺类等。

光致变色材料的制备方法有两种，即物理方法和化学方法。物理方法有多种，如涂层染色、丝线浸渍和密炼共混等；化学方法主要将不同结构的化合物嵌入到聚合物的主链中。物理方法和化学方法都有各自的优点，物理方法相对于化学方法简单快捷，操作简单；化学方法相对于物理方法具有成本低、使用寿命长等优点。每种方法也有各自的缺点，涂层染色法制备的刺激响应性聚合物主要是在聚合物制品表面进行改性，涂层的牢固性在外力和时间的作用下会逐渐劣化；丝线浸渍法主要对聚合物的纤维丝束浸渍染色，这造成了内部的光致变色材料堆积浪费和外部的光致变色材料大量磨损；密炼共混法主要是将聚合物原料和光致变色材料混合均匀，密炼共混法的缺点主要是聚合物加工时的高温易使光致变色材料失活，同时在使用过程中的磨损会使聚合物光致变色效果减弱。化学方法相对于物理方法不会因磨损而出现光致变色效果的减弱，但聚合物合成时的高温是大多数有机结构的光致变色材料无法承受的。

5.2　偶氮苯类有机光致变色材料

　　偶氮苯类化合物的光异构化属于典型的顺反异构变色类型，其变色机理早已被人熟知。偶氮苯类化合物的反式构型能量低于顺式构型，因此在一定波长的光刺激下，偶氮双键会发生从反式到顺式构型的转变；而顺式构型下的偶氮苯类化合物也会在对应波长的光刺激下恢复到反式构型。偶氮苯类光致变色材料具有热稳定性差、变色前后吸收光谱变化小等缺陷。

　　偶氮苯类化合物的合成方法主要有以下几种。

　　（1）重氮盐与活泼芳香族化合物的偶联反应（图5-7）。

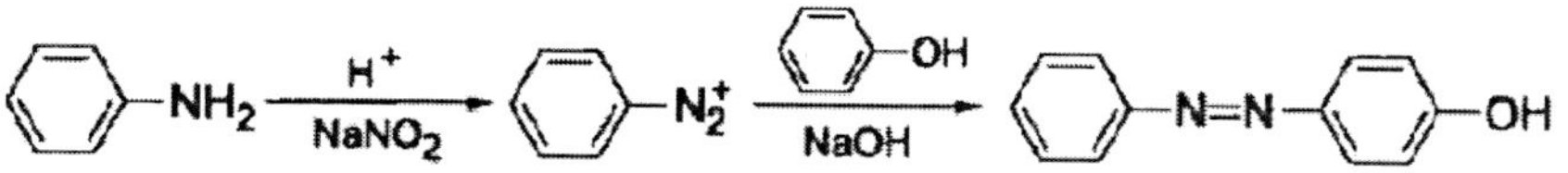

图5-7　重氮盐与活泼芳香族化合物的偶联反应

　　NaOH反应从芳香伯胺出发，经亚硝酸作用生成重氮盐，与活泼芳香化合物偶合生成偶氮类衍生物，偶合反应的优点是简单、方便、快速。缺点是：重氮化是放热反应，重氮盐对热不稳定，因此要在低温条件下进行，维持温度在0℃附近。由于重氮盐不稳定，一般就用它们的溶液代替。固体重氮盐，遇热或振动、摩擦，都将发生分解，甚至爆炸，必须极其小心。

　　（2）重氮盐在Cu^+催化氧化生成偶氮苯衍生物（图5-8）。

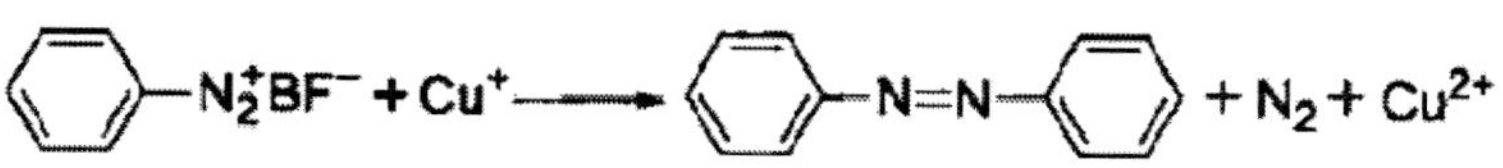

图5-8　重氮盐在Cu^+催化氧化生成偶氮苯衍生物

（3）芳香胺与芳香亚硝基化合物反应生成偶氮苯衍生物（图5-9）。

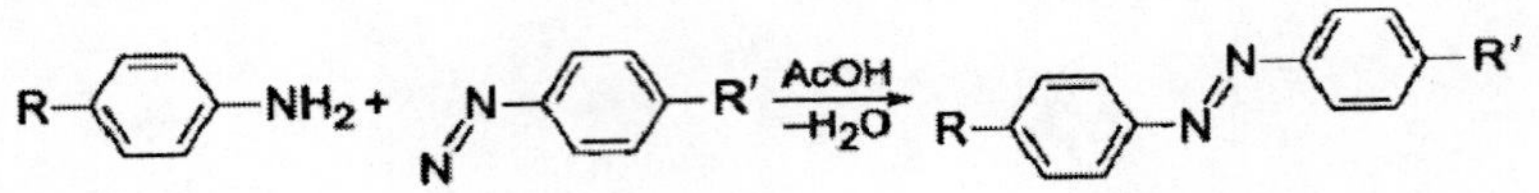

图5-9　芳香胺与芳香亚硝基化合物反应生成偶氮苯衍生物

这一方法一般用来合成不对称的偶氮化合物。

（4）部分还原硝基来制备偶氮苯（图5-10）。

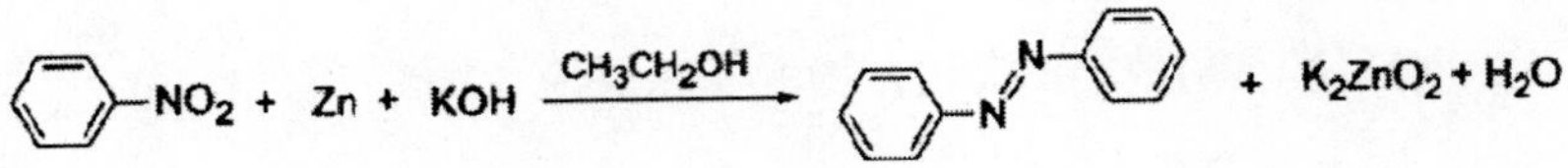

图5-10　部分还原硝基来制备偶氮苯

反应中Zn为还原剂，乙醇为供质子剂，硝基苯被部分还原，生成偶氮苯，一般用来合成对称型偶氮苯。

偶氮苯分子在发生顺反异构时，伴随着相应的颜色变化，即顺式是橙红色，反式是黄色，基于此特点偶氮苯分子可以用来制备光致变色材料。含有偶氮苯衍生物的聚合物最基础的功能就是光致变色，光致变色被用在信息加密和防伪领域。

基于材料的光致变色功能，信息存储是常见的应用方向之一。2009年，Grzybowski教授报道了一种偶氮苯和金属纳米颗粒掺杂制备的墨水，这种可以用光照进行控制，在特定波长的光照下，此墨水的书写和擦除非常迅速。吴思教授合成了一种邻位甲氧基取代的偶氮苯化合物，并制备了可书写的光控材料，此书写信息可维持半年时间。张晓安教授[①]通过在滤纸上涂覆一层

① Zhang T，Sheng L，Liu J，et al.Photoinduced Proton Transfer between Photoacid and pH-Sensitive Dyes：Influence Factors and Application for Visible-Light-Responsive Rewritable Paper[J].Advanced Functional Materials，2018，2（16）：1705532.

偶氮苯分子结构的化合物形成光致变色纸，具有快速的光响应性能和优良的光响应稳定性。Woolley等人[1]设计了一种四甲氧基取代的偶氮苯结构，可见光的刺激可以使偶氮苯分子发生异构化反应，其可以从宏观的光致变色现象来判断，此材料在可见光驱动的材料化学和超分子化学中具有广泛应用前景。

偶氮苯的光致变色切换通常以牺牲光致发光能力为代价，偶氮基团在皮秒尺度上的超快非辐射光异构化可以使激发的荧光团失活，大多数偶氮化合物都表现为没有荧光或荧光较弱的状态。因此需要合理的分子设计使其具备荧光开关的能力。2004年，Tian课题组[2]合成了一种含有α-CD大环、偶氮苯单元和两种不同荧光萘二甲酰亚胺单元的非对称光驱动分子穿梭机，其中α-CD为环，偶氮苯和联苯作为分子线，两种萘二甲酰亚胺作为终端。在受到紫外光和可见光刺激时，偶氮苯单元会发生光异构化，α-CD在偶氮苯单元和联苯单元之间来回穿梭，这会影响到分子线部分不同键的振动和旋转，从而导致两个终端荧光强度的可逆变换。

2019年，Han课题组[3]报道了一种基于三角形偶氮苯框架（3BuAz）的新型聚集诱导发光分子（AIEgen），其表现出优异的光响应组装和由分子结构变化诱导的荧光切换。在四氢呋喃/水混合体系中，3BuAz可自组装成具有有序排列的微球，发出强烈的红色荧光。在使用紫外光照射10min后，暴露于紫外光下的聚集微球产生相变转化为流体。紫外光照射20min后，荧光强度明显降低。

① Kumar K, Knie C, Bléger D, et al.A chaotic self-oscillating sunlight-driven polymer actuator[J]. Nature communications, 2016, 7（1）: 11975.

② Qu D H, Wang Q C, Ren J, et al.A light-driven rotaxane molecular shuttle with dual fluorescence addresses[J].Organic letters, 2004, 6（13）: 2085-2088.

③ Abe I, Hara M, Seki T, et al.A trigonal molecular assembly system with the dual light-driven functions of phase transition and fluorescence switching[J].Journal of Materials Chemistry C, 2019, 7（8）: 2276-2282.

2019年，Chen课题组[1]设计合成了基于独特的环约束光开关偶氮部分实现光致发光的第一个例子。作者通过C-C单键将N=N连接起来的芳香基团相连，构成了八元环，由于环的约束，该分子的顺式构型比反式构型更稳定，在紫外光刺激下，无荧光的顺式构型异构为强荧光的反式构型，稳定的荧光只能通过热淬灭的方式关闭。该设计为偶氮类荧光分子开关提供了一条新思路。

2021年，Würthner课题组[2]设计合成了一种新型的双苝酰亚胺（PBI）环烷，其中两个PBI发色团通过偶氮苯桥连接。在热平衡状态下，两个偶氮苯单元主要处于反式构型。反式偶氮相对较长的分子长度导致环烷形成大空腔，导致PBI单元之间的激子耦合较弱，在紫外光照射下，偶氮苯基团转变为顺式构型，这个过程会改变大环分子的几何形状。交替使用紫外光和可见光刺激，大环空腔尺寸发生变化，PBI-PBI和PBI-偶氮苯相互作用随之改变，从而实现荧光强度的可逆调节。

5.3 二芳基乙烯类有机光致变色材料

二芳基乙烯（DAE）类化合物的光致异构是一种周环反应，初始状态下其保持无色开环构型，在紫外光的刺激下异构为有色闭环构型，后者通过可见光刺激可恢复为无色开环构型。这两种构型都具有很好的热稳定性，仅在光的作用下进行光异构反应。二噻吩乙烯（DTE）是一种典型的二芳基乙

① Zhu Q，Wang S，Chen P.Diazocine derivatives：A family of azobenzenes for photochromism with highly enhanced turn on fluorescence[J].Organic letters，2019，21（11）：4025-4029.

② Ouyang G，Bialas D，Würthner F.Correction：Reversible fluorescence modulation through the photoisomerization of an azobenzene bridged perylene bisimide cyclophane[J].Organic Chemistry Frontiers，2021，8（7）：1719-1720.

烯类化合物，可通过将S原子修饰到中心桥旁的芳香环上形成五元杂环得到，其具有优异的热稳定性、抗疲劳性、高灵敏度、快速响应及高量子产率等特点，在光控开关、光存储器、分子机器和基于主客体相互作用的光致色超分子聚合物等领域受到人们的青睐。

二芳基乙烯是基于导电聚合物的先进光存储材料开发中最有用的光致变色化合物之一。二芳乙烯被用作链中心来制备可光开关的导电聚合物，也被用作聚合物链的垂坠基团。非功能化的二芳基乙烯可以以物理相互作用在聚合物材料中稳定存在并作为发色基团。此外，该发色团被用作导电聚合物中的重复单元，以诱导对基质的光开关电导率。这些光发色团在紫外线照射下通过可逆环加成反应显示颜色变化。H.Ishitobi[①]研究了参杂SP（Spiropyran）和二芳基乙烯分子的聚合物在PMMA膜中的光致各向异性随时间的变化。H.Ishitobi等还研究了二芳基乙烯材料双光子吸收的分子取向，利用泵浦-探测的方法研究了双光子吸收时二芳基乙烯分子异构化的动态变化，通过测量其吸收谱得到分子的二向色性，从而确定分子的取向。

二芳基乙烯类有机光致变色材料的合成路线如下所述。

（1）当He为2-甲基吲哚基时，合成路线如图5-11所示。

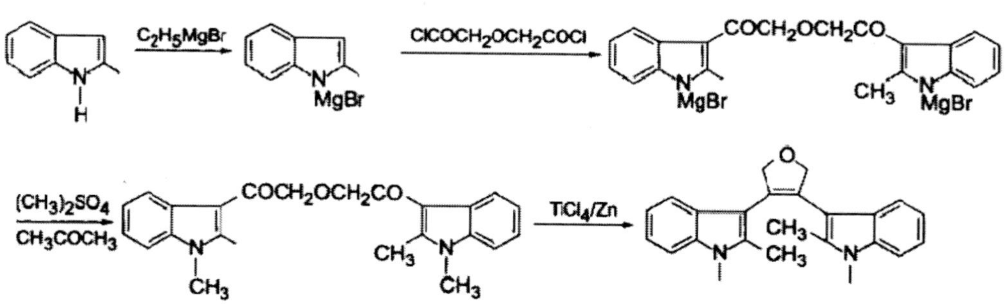

图5-11　二芳基乙烯类有机光致变色材料的合成路线（一）

① Ishitobi H, Maeda M, Sekkat Z, et al.Molecular Orientation by Two Photon Absorption[C]//Linear and Nonlinear Optics of Organic Materials V. SPIE，2005，5935：125-132.

当He为甲基取代的噻吩基、甲基取代的苯并噻吩基、甲基取代的吡啶基或1，3-二甲基吲哚基时，合成路线如图5-12所示。

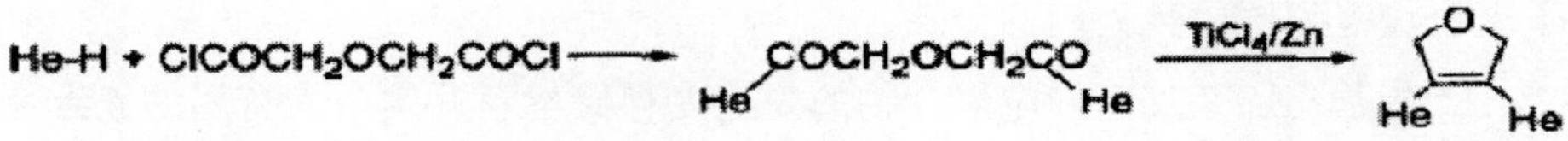

图5-12 二芳基乙烯类有机光致变色材料的合成路线（二）

（2）全氟环戊烯二芳基乙烯化合物的合成（图5-13）。

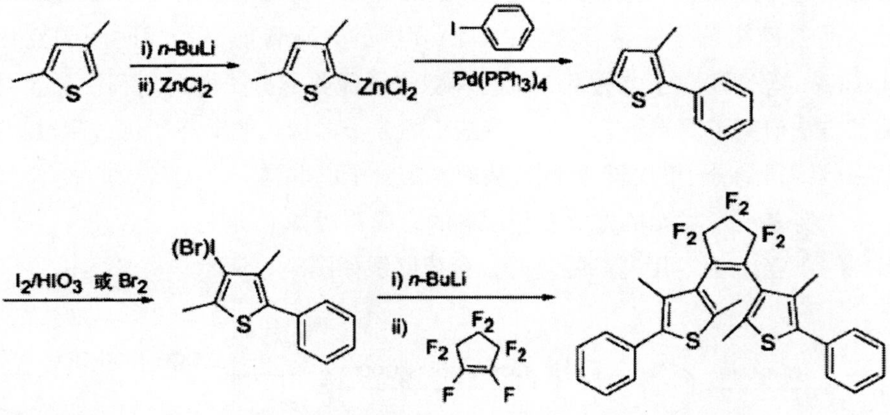

图5-13 全氟环戊烯二芳基乙烯化合物的合成

通过使用不同的氟代反应物，可以获得如图5-14所示的不同结构的二芳基环烯。

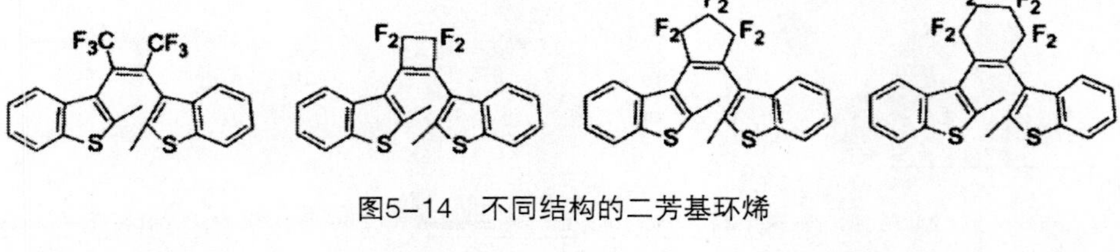

图5-14 不同结构的二芳基环烯

八氟代环戊烯沸点低、有毒、价格昂贵、不便于反应操作，且反应产率低。开发出新的路线来制备二芳基全氟代环戊烯（图5-15），产率较好，同时亦适用于二芳基环戊烯衍生物的合成。

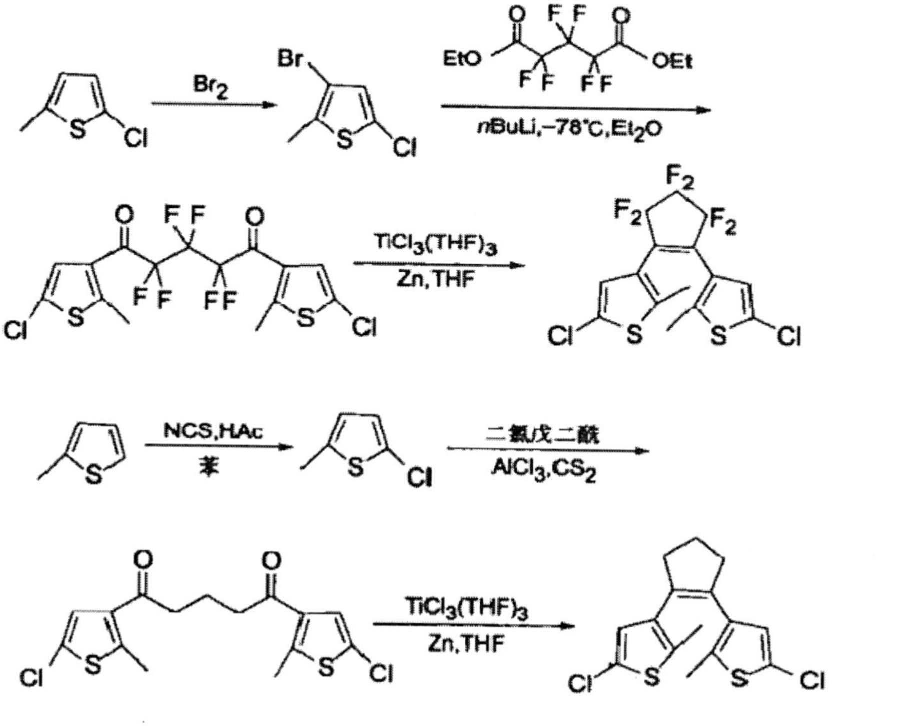

图5-15　制备二芳基全氟代环戊烯的路线

二芳基全氟环戊烯的热稳定性和耐疲劳性比二芳基环戊烯更为出色，更适用于光存储记忆材料和分子设计的器件。

（3）马来酸酐和马来酸酰胺衍生物的合成。酸酐的环状结构，例如马来酸酐和马来酸酰胺，都可以用作二芳基乙烯结构中的环烯基团。典型的二芳基马来酸酐体系的合成方法如图5-16所示。

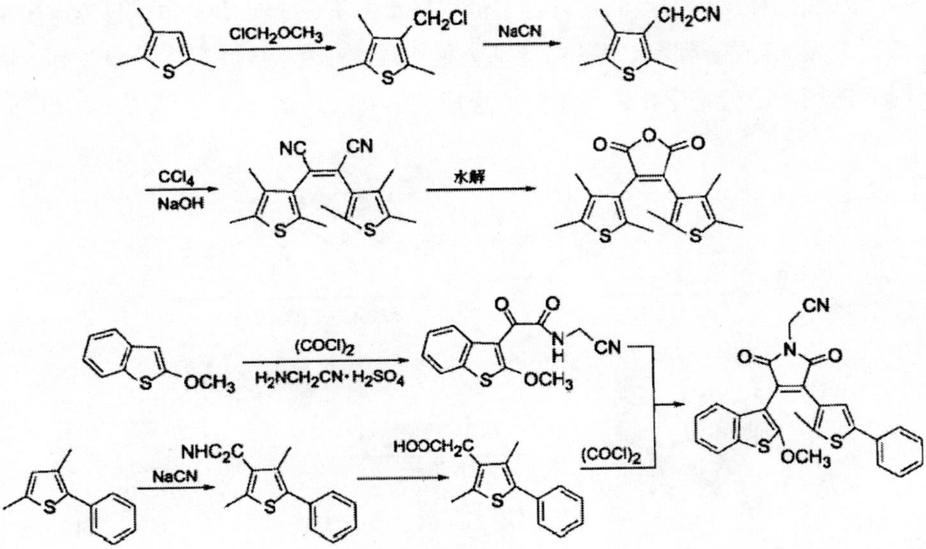

图5-16　二芳基马来酸酐体系的合成方法

马来酸酰胺衍生物可以通过草酰氯和氨基乙腈制备。马来酸酐和马来酸酰胺的引入并没有影响二芳基乙烯化合物基本的光敏性质，如热不可逆性和抗疲劳性等。

（4）二氢噻吩作为环烯单元的二芳基乙烯的合成（图5-17）。

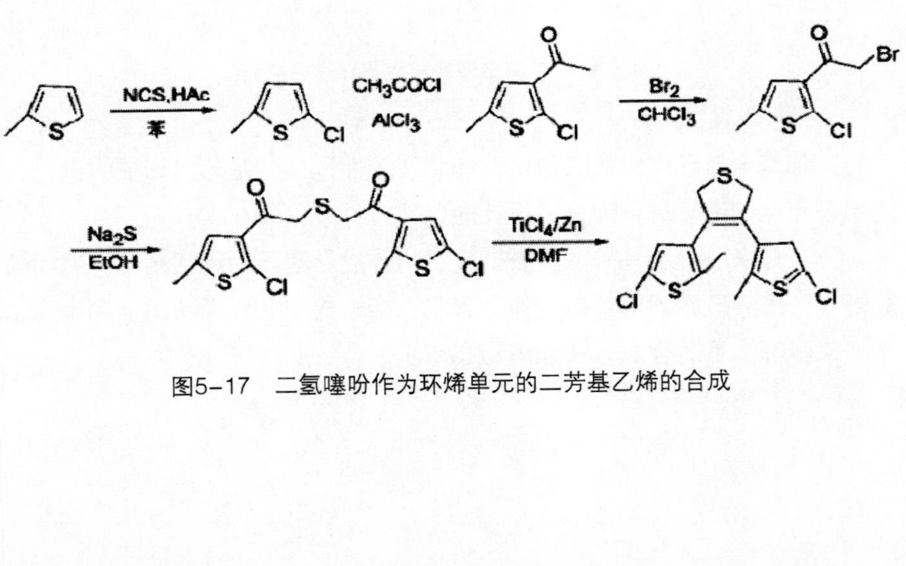

图5-17　二氢噻吩作为环烯单元的二芳基乙烯的合成

　　该化合物很容易发生反应生成各种相关的衍生物，为该类型分子的进一步研究提供了广泛的空间。

　　（5）噻吩作为环烯单元的3，4-双取代二氨噻吩衍生物的合成（图5-18）。

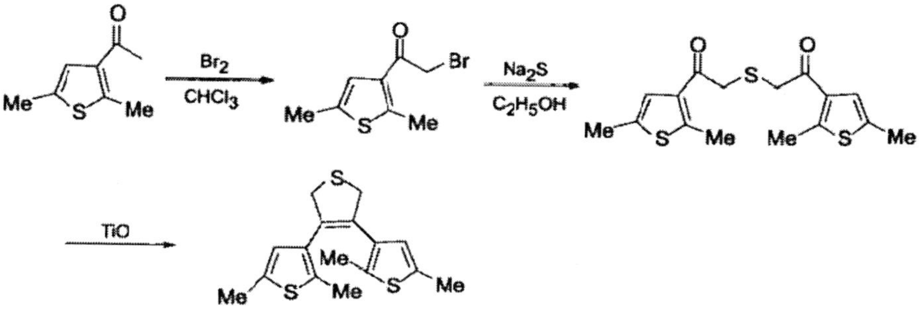

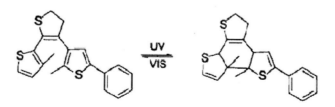

图5-18　噻吩作为环烯单元的3，4-双取代二氨噻吩衍生物的合成

　　通过偶合反应可以合成三个噻吩环的光致变色分子（图5-19）。

图5-19　通过偶合反应可以合成三个噻吩环的光致变色分子

5.4　俘精酸酐类有机光致变色材料

　　俘精酸酐类化合物通常用Pd-催化羰基法和Stobbe缩合法合成（图5-20），它热力学稳定，抗疲劳性强。在指定波长光照下，俘精酸酐类化合物通过价键互变异构，发生分子内周环反应，生成俘精酸酐平行和反平行两种异构开环体。光致变色现象可以在聚合物、玻璃和晶体等介质中发生。在分子适当位置引入大位阻的基团，可以进一步提高俘精酸酐的"光量子产率"。

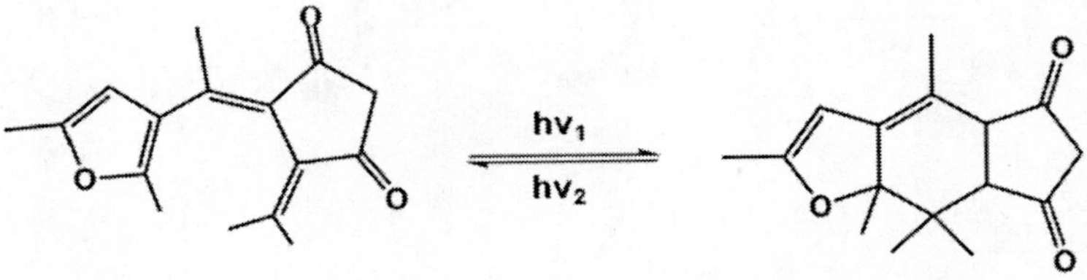

图5-20　俘精酸酐类化合物的光致变色反应

按照俘精酸酐的分子结构，可以将这类化合物分为两大类：芳环取代俘精酸酐和芳杂环取代俘精酸酐。芳基取代俘精酸酐的呈色体根据其结构不同一般呈现黄、橙、红或蓝色，具有显著的溶剂化显色现象。当以杂环代替苯环时，其光致变色性质得到很大改善，去色体和呈色体均有较好的热稳定性，并且两者的吸收光谱相互分离，这一特点正是光信息存储材料所要求的，因此俘精酸酐是最有希望应用于光信息存储的有机光致变色材料之一。

一些芳基取代俘精酸酐在溶液、玻璃和聚合物中以及晶态下都观察到了光致变色现象。当芳环（如苯基）的α-位置为氢时，此呈色-去色循环中存在不可逆的副反应，如光化学顺反异构化、氧化、氢迁移以及呈色体的热力学开环反应等。通过分子设计与修饰，优化分子结构，可以改变这种现象。

对杂环俘精酸酐的光谱性质和光致变色性能进行比较，发现不同杂环类型和杂环上不同的取代基对俘精酸酐光致变色性能有较大影响。杂环类型不仅可以影响俘精酸酐及其呈色体的吸收波长和光反应的量子产率，而且影响俘精酸酐及其呈色体的抗疲劳性和热稳定性。呋喃和噻吩俘精酸酐有较短的呈色体吸收波长，它们的抗疲劳性能相似，但噻吩俘精酸酐的热稳定性明显优于呋喃俘精酸酐。吡咯俘精酸酐有较高的呈色量子产率，呈色体具有长的吸收波长，然而，热稳定性和抗疲劳性能随结构不同差异较大。吲哚俘精酸酐热稳定性和抗疲劳性能优越，但呈色量子产率低；双杂原子俘精酸酐的热稳定性和抗疲劳性较好，但呈色体的吸收波长较短。此外，杂环上的取代基及成环己三烯上的取代基都对俘精酸酐的光致变色性能有较大影响。

有研究者通过Stobbe缩合反应，合成了一系列俘精酸酐。结果表明，芳香环为吲哚环的俘精酸酐具有良好的光致变色性，而芳香环为3,5-二甲基苯基和苯并间氧杂环戊烯环时，不能发生光致变色反应。还有研究表明，吲哚取代的俘精酸酐类光致变色化合物在长波光区有较强吸收、良好的耐疲劳性和热稳定性等，从而具有较为广泛的实际应用价值。

俘精酰亚胺是Heller等人最早发现的一类俘精酸酐衍生物，已有芳环或芳杂环取代俘精酰亚胺的文献报道。研究发现，3-吲哚俘精酰亚胺的热稳定性和抗疲劳性都很好，对酸、碱催化水解稳定。且它们有强的荧光发射，荧光发射峰的波长比分子本身最长吸收带的波长更短。可能是由于分子本身扭曲结构的存在，使得分子局部受激发，由独立的吲哚环发出荧光。

异俘精酰亚胺是俘精酸酐的羰基之一被亚氨基所取代，根据取代的羰基位置的不同，分为 α-异俘精酰亚胺和 β 异俘精酰亚胺。β 异俘精酰亚胺与相应的俘精酸酐光致变色性质相似，主要差异在于 β 异俘精酰亚胺闭环体的长波吸收带的消光系数更大。α-异俘精酰亚胺闭环体的长波吸收带的最大吸收波长对于相应俘精酸酐闭环体而言蓝移很多。由强吸电子的二氰亚甲基取代俘精酸酐的羰基氧可得到二氰基化衍生物，该化合物可称为5-二氰亚甲基四氢呋喃-2-酮衍生物。由于二氰亚甲基的强吸电子性和共轭链的加长，使得其呈色体的吸收比相应俘精酸酐呈色体红移。

5.5　螺环类有机光致变色材料

螺吡喃和螺噁嗪类材料是最早被研究体系之一，在紫外光照下，C–O之间发生异裂引起电子组态重排，形成呈色开环体部花菁。螺吡喃光响应速度极快，可达到飞秒级别，但是在可逆循环的过程中存在副反应，影响循环次数，其抗疲劳性较差，容易被氧化。虽然螺噁嗪耐疲劳性高于螺吡喃，但不加修饰的螺噁嗪分子仍然无法大规模应用于实际生产。

5.5.1　螺吡喃类有机光致变色材料

螺吡喃类化合物是目前研究最早的一种有机光致变色材料，其主要由一个sp³杂化的螺碳原子连接两个芳杂环形成。其螺环结构一般为无色，在一定吸收波长的光刺激下，吡喃环中的C–O键发生断裂，开环后的螺吡喃分子（SP）发生旋转形成了具有颜色的部花菁结构（MC），在白光或加热的条件下，开环的MC结构又能回到最初无色的SP结构。螺吡喃的变色响应极快，但是MC结构的热稳定性较差，并且螺吡喃还具有抗疲劳性不好，性能衰减快，固体状态下不易变色等缺点，极大阻碍了螺吡喃在实际工业上的应用前景。现在研究人员主要通过对螺吡喃分子进行修饰以及使用多孔结构负载来提升螺吡喃衍生物的变色性能和耐疲劳性能。

5.5.1.1　螺吡喃类化合物的合成机理

螺吡喃类化合物合成的关键步骤是形成螺环，最常用的合成方法是在有机溶剂中通过邻羟基芳香醛衍生物和2-亚甲基吲哚啉衍生物（Fischer碱）长时间回流缩合而成，其合成反应式如图5-21所示。

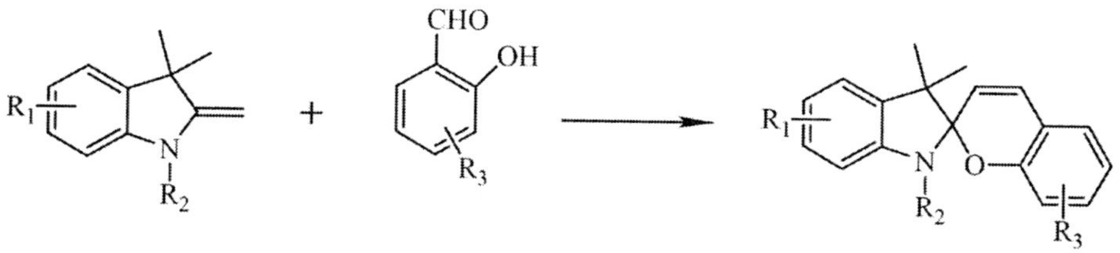

图5-21 以邻羟基芳香醛和Fischer碱合成螺吡喃

一般由取代的苯肼与3-甲基-2-丁酮为起始原料按照图5-22路线合成Fischer碱。

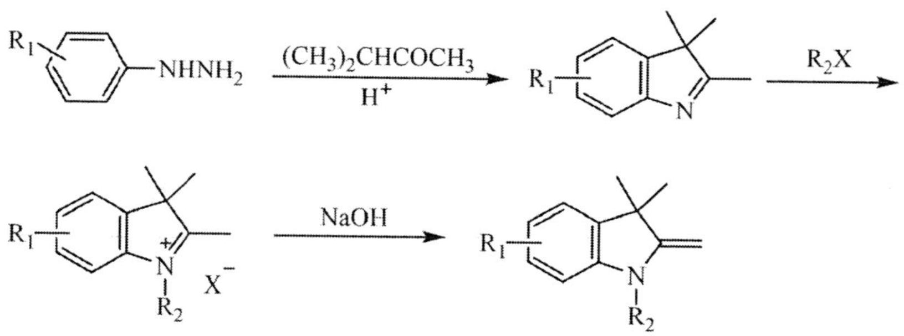

图5-22 取代苯肼与3-甲基-2-丁酮合成Fischer碱

因为上述反应中Fischer碱非常容易聚合，影响产率，而且后处理困难。所以为了避免Fischer碱的聚合，目前更多的是在有机碱的催化下将取代水杨醛和Fischer碱的前身物季铵盐（最常用的是吲哚碘化物）一步合成（图5-23），省去了分离中间体的步骤，操作变得简单。

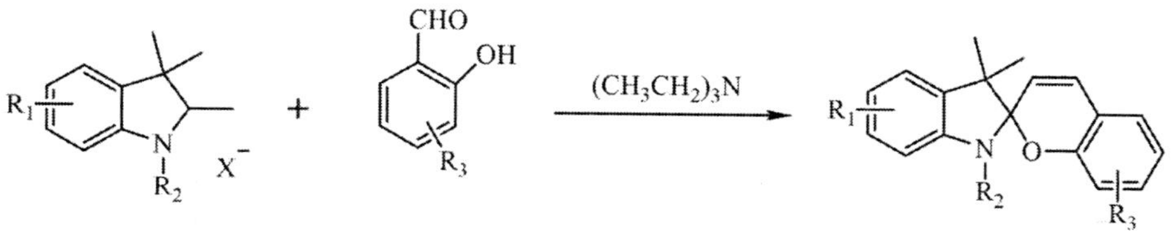

图5-23 以吲哚碘化物和邻基芳香醛一步法合成螺吡喃

5.5.1.2 螺吡喃类刺激响应型化合物

（1）螺吡喃衍生物的光致变色性。

螺吡喃类化合物稳态的闭环异构体（SP）可以通过紫外光辐照发生 C_{spiro}–O键的断裂，转化为亚稳态的开环部花菁异构体（MC），从而引起颜色的转变，以及物理和化学性质（吸光度、荧光颜色等）的变化。同时，螺吡喃衍生物的光致变色特性是可逆的，这种结构异构化可通过可见光照射或热处理得到恢复（图5-24）。

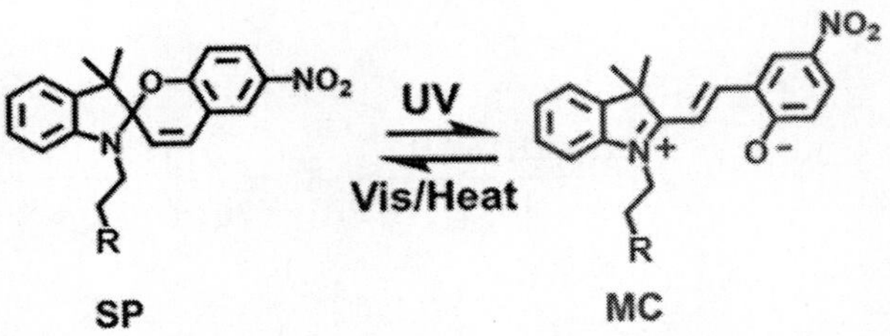

图5-24 在紫外光和可见光/热刺激下SP和MC之间发生可逆结构异构化的示意图

然而在过去很长一段时间内，螺吡喃这种优异的光致变色特性并没有投入到实际应用。事实上，这种颜色和荧光的切换多数发生在溶液状态下，聚集态下分子堆积紧密，不仅开环异构化难以发生，甚至会导致荧光的猝灭。为此，研究者们探索了许多解决方案，主要包括三类：引入大位阻基团修饰螺吡喃、将螺吡喃与聚合物共聚和采用多孔框架材料包覆螺吡喃，也都取得了较好的成果。此外，晶体状态下的光响应对于许多高端前沿的应用来说愈发重要，但螺吡喃类化合物的单晶光致变色仍然少有报道。因此，开发结构简单的具有多态变色特性的螺吡喃分子前景广阔。

（2）多重刺激响应性螺吡喃衍生物的研究进展。

随着聚集态下的光致变色受阻问题的解决，人们将目光更多地放在了螺吡喃衍生物实现多重刺激响应变色发光性能的研究上，目前研究较多的是具有双重刺激响应性的螺吡喃类化合物。其中，研究最为广泛的是螺吡喃衍生物对紫外光和机械力刺激的响应。Huang等[1]探索了一种基于多肽树突的由芘和螺吡喃组成的独特共组装，通过力/光诱导螺吡喃的开环反应，在自组装软材料上实现了高对比度多色开关。螺吡喃光致变色的能量转移模式遵循荧光共振能量转移（FRET）机理，开环MC形式在可见光区域具有强烈的吸收，当荧光分子的发射光谱在受控的距离和分子取向的条件下与螺吡喃MC形式的吸收光谱重叠时，就会发生有效的荧光共振能量转移。尹梅贞团队[2]通过两步开环反应和机械力控制单个分子内给受体之间的FRET过程，实现了螺吡喃衍生物独立的两步颜色切换。该化合物对紫外光和研磨双重刺激的响应也意味着其在光学记录和机械力传感器领域是极具潜力的。

　　某些螺吡喃衍生物还存在对酸的响应。Qi等[3]设计合成了两个四苯乙烯功能化的螺吡喃衍生物，研究发现四苯乙烯和螺吡喃之间不同的连接位置会显著影响扩展π共轭体系，使得二者出现完全不同光致变色和酸致变色行为。Kong等[4]将氟硼吡咯基团的强发光性与螺吡喃基团的酸致变色和光致变色特性结合，探究了此类化合物光/酸诱导的可切换的荧光共振能量转移行为。Ding等[5]设计了两种基于螺吡喃的双通道溶酶体靶向多重刺激响应荧光

① Huang L, Wu C, Zhang L, et al.A Mechanochromic and Photochromic Dual-Responsive Co-assembly with Multicolored Switch: A Peptide-Based Dendron Strategy[J].ACS applied materials & interfaces, 2018, 10（40）: 34475-34484.

② Mo S, Tan L, Fang B, et al.Mechanically controlled FRET to achieve high-contrast fluorescence switching[J].Science China Chemistry, 2018, 61: 1587-1593.

③ Qi Q, Qian J, Ma S, et al.Reversible multistimuli-response fluorescent switch based on tetraphenylethene-spiropyran molecules[J].Chemistry-A European Journal, 2015, 21（3）: 1149-1155.

④ Kong L, Wong H L, Tam A Y, et al.Synthesis, characterization, and photophysical properties of Bodipy-spirooxazine and-spiropyran conjugates: modulation of fluorescence resonance energy transfer behavior via acidochromic and photochromic switching[J].ACS applied materials & interfaces, 2014, 6（3）: 1550-1562.

⑤ Ding G, Gai F, Gou Z, et al.Multistimuli-responsive fluorescent probes based on spiropyrans for the visualization of lysosomal autophagy and anticounterfeiting[J].Journal of Materials Chemistry B, 2022, 10（26）: 4999-5007.

探针（Lyso-SP和Lyso-SQ），其响应机制为紫外光照射或酸性条件下开环异构体的形成。此类探针可通过促进溶酶体内pH波动的可视化来监测溶酶体自噬，对监测生物体的生理和病理活动具有重要意义。

螺吡喃类化合物具有智能的光开关特性，其结构异构化还会引起紫外-可见吸收光谱和荧光发射光谱的变化，为定量分析提供了工具。进一步地，此类多重刺激响应型化合物有望适用于复杂的应用场景，这对多重刺激响应性智能材料的开发应用具有重要意义。

5.5.2　螺噁嗪有机光致变色材料

螺噁嗪（Spirooxazine，SO）是常见的光致变色化合物之一，它的光敏电阻大，光响应快，热稳定性和抗疲劳性良好，在经济和国防等领域有潜在的应用价值，引起了国内外科学工作者的研究兴趣。然而螺噁嗪的光致变色反应机制尚有争议，只有系统阐明螺噁嗪反应机制细节才利于合成光稳定性更强、抗疲劳性更好的螺噁嗪类衍生物，并将其应用于大规模的工业生产。

螺噁嗪是一种有机光致变色化合物，其结构、合成方法和光致变色机理与螺吡喃相似。螺噁嗪的结构与螺吡喃相比多了一个苯环，因此在化合物的耐疲劳性能和使用寿命比螺吡喃更优秀。Meng等[1]报道的螺噁嗪简易合成程序如图5-25所示。可以采取不同的R基团开发不同的螺噁嗪衍生物，方法类似于已报道的螺吡喃衍生物的制备方法。Suh[2]通过合成含有螺噁嗪的聚烯烃化合物，最终聚合物表现为变色行为，研究了聚合物的吸光度和紫外照射时间的关系。

---

① Tan T, Chen P, Huang H, et al.Synthesis, characterization and photochromic studies in film of heterocycle-containing spirooxazines[J].Tetrahedron, 2005, 61（34）: 8192-8198.

② Suh H J, Jin S H, Gal Y S, et al.Synthesis and photochromism of polyacetylene derivatives containing a spiroxazine moiety[J].Dyes and pigments, 2003, 58（2）: 127-133.

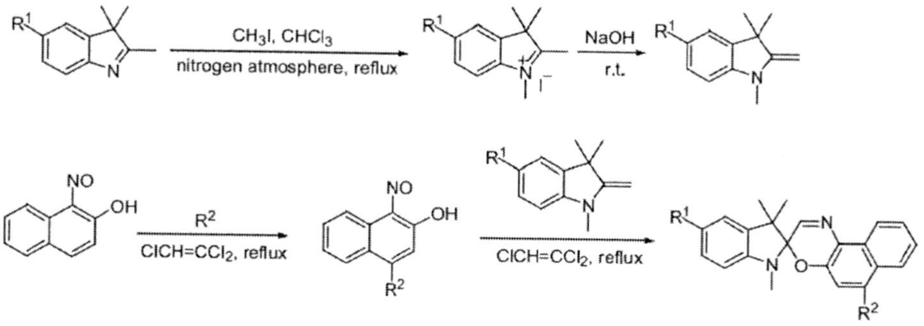

图5-25 螺噁嗪的合成路线图

无色闭环体SO的最低吸收带位于近紫外区，而开环体部花菁（Merocyanine，MC）在可见光区域有强吸收。SO和MC在平衡状态下共存，在光或热的刺激下可逆地向一侧移动，MC的热稳定性略逊于SO。理论上MC存在八种异构体，我们标记三个二面角 α（N1-C2-C3-N4）、β（C2-C3-N4-C5）和 γ（C3-N4-C5-C6）阐释MC中间体，当 α、β、γ 的绝对值处于0°～90° 之间时用C（Cis）来表示，处于90°～180° 之间时用T（Trans）来表示，如图5-26中MC的反–反–顺（TTC）构型。

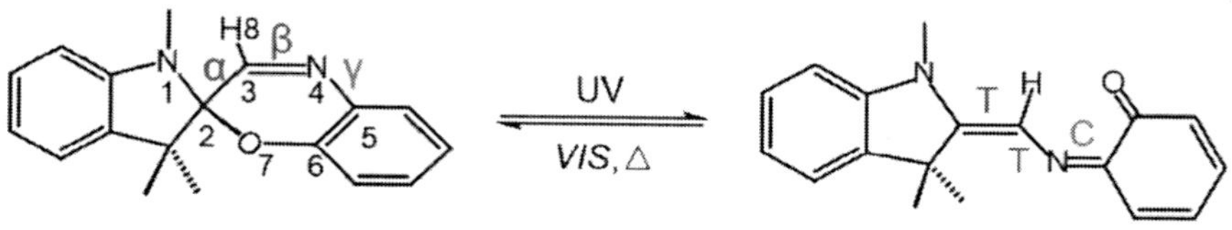

图5-26 螺噁嗪反应机理示意图

5.6 有机光致变色材料的应用

随着对光致变色材料研究的不断深入，大量具有优异变色性能的材料被研制出来并成功地用于变色眼镜、数字显示、智能玻璃等方面，使人们一次次感受到化学给人们生活所带来的便利。就目前而言，有机光致变色材料主要用于防伪加密、信息存储、离子检测等众多领域。

5.6.1 有机光致变色材料在离子检测中的应用

离子的平衡无论对于人类还是大自然来说都是十分重要的，近年来，离子污染的报道屡见不鲜，严重地影响了生态以及人类的健康。因此，高效快速地检测出离子的存在就显得十分重要，例如当人体缺少Cu^{2+}时就会出现骨骼畸形、贫血等症状，相反，Cu^{2+}含量的超标又会导致老年痴呆，因此Cu^{2+}含量的稳定对于人体十分重要，2020年，Zhang等[1]合成了一种二芳基乙烯型光致变色分子，这种分子能快速且特异性地检测Cu^{2+}，而且对其含量也能进行一定程度的判断，这种技术可用于制备快速检测试纸。此外，Heng等[2]于2020年合成了一种含有苯并香豆素的二苯乙烯型光致变色分子，其可实现Cr^{3+}的特异性识别，这对于预防环境Cr^{3+}污染具有重要的意义。

---

① Zhang Y，Li H，Pu S.A colorimetric and fluorescent probe based on diarylethene for dual recognition of Cu^{2+} and CO_3^{2-} and its application[J]. Journal of Photochemistry and Photobiology A: Chemistry，2020，400：112721.

② Heng Z，Shuli G，Huimin K，et al.Multi-responsive molecular switch based on a novel photochromic diarylethene derivative bearing a benzocoumarin unit[J]. Tetrahedron，2020，76（10）：130955.

5.6.2　有机光致变色材料在信息存储中的应用

光致变色材料可逆的光色转换能力为信息存储提供了可能。对于具有双稳态的光致变色材料，用一种光照将信息进行存储，再用另一种光把信息调取出来，以这种方式进行存储具有存储信息性能稳定等优势，可用于制备CD-ROM（只读式光盘）、光致变色计算机等。在目前的光信息存储中光信息存储多采用热存储的方法，而光致变色采用光化学方法，它具有着比电子计算机存储信息量更大、集成度更高、计算速度更快、结构简单，并且不会发热的优势。2011年，Tuyoshi等[1]将二苯基乙烯与苝酰亚胺连接起来，该化合物在可见光照射下，二芳基乙烯能够异构化为闭环化状态，整个分子由于分子内电荷转移（ICT）的影响而被荧光淬灭，另一方面，当分子经过532nm紫外光照后，二芳基乙烯将进行裂环，ICT通道也因此被中断，整个分子展示出强的荧光发射，利用此荧光的变化，我们可以运用于光信息存储领域。

5.6.3　有机光致变色材料在防伪加密中的应用

由于有机光致变色分子具有响应灵敏度高的特性，所以能够快速地记录和获取信息，因此也常常将这类分子用于防伪领域。赵强等[2]通过改变紫内酯水杨醛肼（CVLSH）锌配合物的反离子，实现了光致变色分子着色性及着色速率的按需精密调控，通过制备含有CVLSH分子的安全纸，墨盒中以

[1] Fukaminato T, Doi T, Tamaoki N, et al.Single-molecule fluorescence photoswitching of a diarylethene-perylenebisimide dyad: non-destructive fluorescence readout[J].Journal of the American Chemical Society, 2011, 133（13）: 4984-4990.

[2] Ma Y, Yu Y, She P, et al.On-demand regulation of photochromic behavior through various counterions for high-level security printing[J].Science advances, 2020, 6（16）: eaaz2386.

ZnBr₂水溶液作为墨水，当使用墨水进行打印后，在紫外线及加热循环的作用下，可实现信息的显示及消除。Lin等[1]采用一锅微乳液聚合与表面改性相结合的方法，制备了基于螺吡喃的新型光/pH双刺激响应多色荧光聚合物纳米颗粒，根据荧光共振能量转移原理，该材料可在改变pH值和光照的条件下实现蓝、绿、红多色变换。通过组合不同配比的纳米颗粒（NP-3、NP-S1、NP-S4和NP-S5），设计出了多色防伪油墨和多级数据加密模型，展现了该材料的应用价值。Liu等[2]制备了一种基于苯并噻唑-螺吡喃的简单荧光开关，在酸/碱以及热/可见光处理下实现了互变异构，并探索了该材料在钞票防伪方面的应用。2023年，Xie课题组[3]合成了一种新型吲哚二聚体ID，该分子具有良好的热稳定性，且对酸碱具有优异的刺激响应性能。酸处理后，ID发生质子化，结构、颜色及发射都会改变；碱处理去质子后，ID又会恢复无色状态。ID酸碱响应的颜色变化与传统的刺激响应螺吡喃SP的颜色变化刚好正交，利用这一特性，在同一系统中将这些化合物一起应用，可以在不同的外部刺激下出现不同的图案，从而实现高级和复杂信息的加密和解密。

5.6.4　光致变色材料在纺织品中的应用

光致变色纺织品的优点在于能够在基本不影响纺织品性能的同时，对光线做出反应并迅速改变颜色，同时织物的使用更加灵活，易于定制，后期的

① Lin Z, Pan H, Tian Y, et al.Photo-pH dual stimuli-responsive multicolor fluorescent polymeric nanoparticles for multicolor security ink, optical data encryption and zebrafish imaging[J].Dyes and Pigments, 2022, 205: 110588.

② Liu D.A simple fluorescent switch with four states based on benzothiazole-spiropyran for reversible multicolor displays and anti-counterfeiting[J].New Journal of Chemistry, 2022, 46（40）: 19118-19123.

③ Xia H, Loan T, Santra M, et al.Multiplexed stimuli-responsive molecules for high-security anti-counterfeiting applications[J].Journal of Materials Chemistry C, 2023, 11（12）: 4164-4170.

使用维护成本也较低。尽管有着诸多的优点，光致变色纺织品的商业发展仍然受到限制，在制备方法、应用领域和使用性能等方面存在挑战。为了改善这些缺点，研究者在制备方法上作出了很多努力。将光致变色材料与织物相结合的方法有很多，常见的如染色、涂层印花，一般不需要改变工艺和设备，生产成本较低，操作简单，也可以在后处理部分将光致变色化合物应用到织物上。科学家们也在不断研究更加新颖的工艺，现在主要的制备方法有丝网印刷技术、微胶囊表面涂层技术、层层自组装法、直接接枝法、溶液-凝胶涂层、变色纤维加工技术。在光致变色化合物的实际应用上，纺织材料落后于其他领域，出现这种情况的主要原因是其高成本以及耐光性和耐洗性稍差，提高耐久性仍然是功能性/智能纺织品应用的关键要求。

有研究者合成了三种水溶性螺吡喃MC-NO_2、MC-SO_3Na、MC-OH和一种非水溶性螺吡喃SP-C=C。通过溶液中的测试和各螺吡喃的性质，对MC-NO_2和MC-SO_3Na采用直接染色法制备光致变色棉织物，对MC-NO_2和SP-C=C采用涂层印花法制备光致变色棉织物，成功制备了具有变色灵敏且可循环的光致变色棉织物。经过测试后发现：

（1）利用水溶性螺吡喃作为直接染料上染棉织物在应用上方便快捷，且成本较低，在所制备的染色棉织物中MC-NO_2染色棉织物的变色前后有较大的色差，具有较强的光响应性，而且在变色后的稳定时间较长，耐疲劳性和抗紫外性也更加优异。

（2）在所制备的印花棉织物中SP-C=C印花棉织物的光响应性和抗紫外线性更好，MC-NO_2印花棉织物的耐疲劳性更好。

（3）创新性地实现了正逆光致变色在同一织物上的应用，并经过不同光源或热刺激显示出不同的结果，使得光致变色的信息存储更加多样性，可以使正光致变色的部分和逆光致变色的部分同时储存信息，具有双重加密的效果。同时将光致变色化合物和普通染料相结合，可以使光致变色的色彩丰富度大大增加。

5.6.5　光致变色材料在可擦写领域中的应用

5.6.5.1　螺吡喃衍生物的光打印

螺吡喃类化合物的光致变色机理简单，且其极易通过取代基修饰改变分子的光致变色性能。但固体状态下不易变色的缺陷极大地限制了其在工业上的应用，目前研究人员普遍采用修饰螺吡喃取代基的方法增加其固态下自由体积，达到固体状态下变色的目的，并将其广泛应用于可擦写领域。2018年，Abdollahi等[①]采用无乳化剂乳液聚合的方法将螺吡喃与聚合物连接，获得具有光致变色能力的乳胶颗粒。通过喷涂法将乳胶颗粒负载在纤维素纸上，制备得到光刺激响应纸，这种负载乳胶颗粒的纤维素纸可作为可擦纸张被用于光打印。2020年，他们还通过使用螺吡喃衍生物对官能化的胶乳纳米粒子进行表面改性，含有螺吡喃的环氧官能化胶乳纳米颗粒被用于制备高安全性的光致变色/荧光油墨，并被用于纤维素纸的可重写光打印。同年，他们采用半连续微乳液聚合法，将螺吡喃衍生物掺入基于甲基丙烯酸甲酯和丙烯酸丁酯的共聚物乳胶纳米颗粒中，开发出柔性隐形高安全性的油墨。由于氢键的形成，具有不同柔韧性的乳胶纳米颗粒在纤维素基质表面上具有更好的涂覆能力和稳定性，紫外线照射后，在纤维素纸上喷涂乳胶纳米颗粒会在纤维素基材上引发高分辨率的可重写光图案。最近，他们将制备的多功能共聚物纳米粒子用螺吡喃和香豆素衍生物进行物理改性，开发出双色光致发光聚合物纳米粒子，并将其应用于可擦写油墨。2022年，Wang等[②]采用同样的

① Abdollahi A，Sahandi-Zangabad K，Roghani-Mamaqani H.Rewritable anticounterfeiting polymer inks based on functionalized stimuli-responsive latex particles containing spiropyran photoswitches: reversible photopatterning and security marking[J].ACS applied materials & interfaces，2018，10（45）：39279-39292.

② Wang W，Yi L，Zheng Y，et al.Photochromic and mechanochromic cotton fabric for flexible rewritable media based on acrylate latex with spiropyran cross-linker[J].Composites Communications，2023，37：101455.

乳液聚合方法设计了含有螺吡喃的刺激响应性丙烯酸酯胶乳，可直接添加乳液喷涂成棉织物，实现功能化棉织物的无墨书写。

除了修饰螺吡喃取代基改进变色性能的方法外，还有研究人员通过框架结构包覆螺吡喃，增加固态下螺吡喃化合物的自由体积，达到固体变色的目的并用作可擦写油墨。例如，将螺吡喃负载于作为框架材料的聚硅氧烷纳米网络（PNNs）中。得到的螺吡喃薄膜以及负载螺吡喃衍生物的纸张在紫外光辐射下可打印出清晰的图案，并且在绿光照射下图案可以被快速擦除，在可擦写纸以及光打印领域具有巨大的应用潜力。2021年，Azimi等[1]则通过溶液聚合合成基于具有羧酸链端基的苯乙烯和螺吡喃的光致变色共聚物，之后通过静电纺丝技术制备得到光致变色纳米纤维，含有螺吡喃的共聚物具有更高的抗光疲劳性以及光致变色性能，可制备成可擦写纸并实现光打印。

5.6.5.2　螺吡喃衍生物的水打印

螺吡喃衍生物由于其变色机理受限，因此常为光致变色材料，但仍有极少数螺吡喃衍生物被特殊结构包覆，赋予了其一定的水致变色能力。2018年，Samanta课题组[2]研究了一种模型光响应分子开关螺吡喃衍生物在柔性配位笼内的结合和光诱导结构转换，并且柔性配位笼内的螺吡喃衍生物具有奇特的浓度依赖性。被柔性配位笼包覆的螺吡喃衍生物（$5_{MC}^3 4$）的水溶液在水蒸发过程中溶液颜色发生了从蓝色到浅黄色变化，之后制备了基于$5_{MC}^3 4$的纸张，实现自来水作为墨水的信息写入，但是由于水的蒸发，产生的文字

---

[1] Azimi R, Abdollahi A, Roghani-Mamaqani H, et al.Dual-mode security anticounterfeiting and encoding by electrospinning of highly photoluminescent spiropyran nanofibers[J].Journal of Materials Chemistry C, 2021, 9（30）: 9571-9583.

[2] Samanta D, Galaktionova D, Gemen J, et al.Reversible chromism of spiropyran in the cavity of a flexible coordination cage[J].Nature communications, 2018, 9（1）: 641.

仅仅可以保留约2h。2020年，Karimipour等[①]通过乳液聚合向聚合物中掺杂羟基功能化螺吡喃（SPOH），设计和制备了具有水致变色和光响应性的聚甲基丙烯酸甲酯-共甲基丙烯酸羟乙酯［P（MMA-co-HEMA）］，之后静电纺丝成膜。甲基丙烯酸羟乙酯（HEMA）增强了与水的相互作用，赋予了SPOH一定的水致变色能力，实现了环保无墨水可重写。

尽管螺吡喃衍生物在可擦写纸领域已经有了很深入的研究，但目前在可擦写纸领域的应用仍具有很多的缺陷。例如，多数螺吡喃衍生物只能在可擦写纸上单一光打印，并且光耐疲劳性能差。这样就极大限制了这些材料的应用，因此螺吡喃衍生物在可擦写领域的应用仍需要进行更深度的探究。与此同时，寻找一种新颖的、变色性能优异的、耐疲劳性能极好的水致变色材料应用于可擦写纸的水打印迫在眉睫。

5.6.6　光致变色材料在生物成像中的应用

2018年，Tian课题组将半乳糖Gal、萘二甲酰亚胺Naph、螺吡喃SP连接，制备了光致变色糖探针Gal-NSp，并将其与人血清白蛋白HSA在主客体作用下结合，成功构建了糖探针-蛋白质复合物Gal-NSp/HSA[②]。该探针包含在HSA的疏水空腔中显著增强了水溶液中开环构型Gal-NMr的荧光发射，因此通过紫外光/可见光交替刺激可以实现Naph的绿色和Mr的红色之间的可逆切换。他们使用具有半乳糖选择性受体蛋白的肝癌细胞Hep-G2进行荧光成像，Gal-NSp/HAS成功引入了Hep-G2细胞。在紫外光照射下，绿色通道荧

---

① Karimipour K，Rad J K，Ghomi A R，et al.Hydrochromic and photoswitchable polyacrylic nanofibers containing spiropyran in eco-friendly ink-free rewriteable sheets with responsivity to humidity[J].Dyes and Pigments，2020，175：108185.

② Fu Y，Han H H，Zhang J，et al.Photocontrolled fluorescence "double-check" bioimaging enabled by a glycoprobe - protein hybrid[J].Journal of the American Chemical Society，2018，140（28）：8671-8674.

光被抑制，红色通道荧光增强；随后，可见光的照射恢复了绿色通道荧光，红色通道荧光淬灭。这样的双色荧光通过紫外光和可见光交替刺激可以在Hep-G2细胞中可逆切换，从而提升了荧光探针在复杂细胞环境中的定位精准度。

2020年，Tian课题组报告了一种β-半乳糖苷酶（β-Gal）响应的光致变色荧光探针NpG，用于鉴定酶在特定细胞环境中的精确分布。[①]他们对光致变色单元部花菁结构进行功能化修饰，游离酚氧基与可被β-半乳糖苷酶水解的β-半乳糖基团结合，即可抑制部花菁的光异构化和荧光性能，然后探针与人血清白蛋白（HSA）结合，形成水溶性和细胞通透性得到增强的探针/蛋白质复合物（NpG@HSA）。初始状态，NpG@HSA在620nm没有荧光，并且无法进行光异构化。在与β-半乳糖苷酶接触后，β-半乳糖水解，NpM@HSA释放，620nm处红色荧光迅速增强。水解导致的光致变色单元激活，此时通过紫外/可见光的交替刺激可以实现荧光的可逆切换。由于光致变色单元出色的光异构化性能，可以在不同细胞中借助超高分辨成像技术（STORM）进行观测，实现β-半乳糖苷酶在卵巢癌细胞和衰老细胞中的活性分布探测。这一酶响应性光致变色/蛋白质荧光探针策略为生物标志物超分辨率成像荧光探针的构建提供了新思路。

---

① Chai X, Han H H, Sedgwick A C, et al.Photochromic fluorescent probe strategy for the super-resolution imaging of biologically important biomarkers[J].Journal of the American Chemical Society, 2020，142（42）: 18005-18013.

第6章　有机电致变色材料

　　2020年1月，一加科技（OnePlus）首款概念机Concept One正式发布，其中采用的一项新科技——有机电致变色技术引起了人们的关注。为了提高手机的科技感和用户使用体验，电致变色手机已然成为各大手机厂商争夺占位的热点，使得电致变色技术能够更普遍地进入大众视野。本章主要阐述了电致变色材料的机理与发展，并阐述了聚合物类电致变色材料、金属有机配合物类电致变色材料、有机小分子电致变色材料的机理及研究进展，最后总结了有机电致变色材料的应用。

6.1　电致变色材料的机理与发展

近年来，由于低碳生活理念的提出，能源储存和转化技术得到了快速发展，其中，电致变色作为一种新兴能源转换技术得到广泛关注。电致变色材料可用于制备电致变色器件来控制太阳光透过率，在一定程度上可有效地解决能源问题，因此在学术界引起了科学家们的极大兴趣。目前，电致变色材料已经应用于建筑物的门窗玻璃，通过改变门窗的透过率，实现热量转化和良好的室内照明，在兼具美学效果的同时还能减少能量的损失和有效地利用能源。与此同时，电致变色材料还被应用于智能眼镜、显示屏、汽车后视镜以及军事伪装等领域。

6.1.1　电致变色材料的概念

通过对材料施加电压，使其发生氧化状态和还原状态之间的转换，在这个过程中，电子或离子的注入和脱出会导致材料发生持续且可逆的光学变化，这一般表现为外观颜色变化，即为电致变色。具有电致变色性能的材料叫作电致变色材料。

6.1.2　电致变色材料的发展史

电致变色的历史可以追溯到20世纪30年代，研究人员偶然发现染料在外加电场的刺激下会发生颜色的变化，从而引起广泛关注。电致变色现象是在1961年由美国科学家Platt报道的，他揭示了一种激发材料通过电子迁移或氧化还原反应而显示出新的光吸收带从而导致材料的颜色变化的现象，并正式将这种现象命名为电致变色。1969年，Deb通过真空蒸发的方法在NESA玻璃上成功制备WO_3薄膜，然后通过对薄膜施加电压，薄膜出现颜色变化现象。1973年，Deb成功制备出第一个无定形WO_3基电致变色器件，同时提出"色心"机理以解释WO_3电致变色现象。电致变色机理被提出后，掀起了人们对电致变色材料的研究热潮。到了20世纪80年代，科研人员主要致力于对电致变色材料进行改性，提出智能窗的概念。随后在1994年，首次电致变色会议在威尼斯召开，会议围绕电致变色器件以及所选用电解液等问题进行了深入的探讨，这次会议对电致变色领域的研究做出了巨大贡献。1999年，电致变色材料被应用于Stadt Sparkasse银行的建筑物外墙。2002年，Ntera公司提出一种具有创新意义的Nano Chromic™显示技术，并成功将该技术应用于显示器领域，同时应用该技术制造出纸质显示器。2004年，电致变色玻璃幕墙被英国保险大厦所应用。2005—2009年，电致变色技术相继被使用于法拉利跑车的挡风玻璃以及波音787飞机的舷窗。2020年初，OnePlus公司在发布会上推出第一款具有潜隐式后置摄像头的概念机，该机采用电致变色技术可使摄像头和机身完美结合。同年，OPPO公司成功地将凝胶态有机小分子材料用作柔性电致变色膜片并应用于手机后壳。自1969年Deb发现WO_3具有电致变色现象之后，相关的研究和商业化应用已有50多年的历史。

6.1.3　电致变色材料的种类及其变色机理

电致变色材料是电致变色器件中的主要功能成分。传统的电致变色材料通常制备成致密的薄膜或与液体/凝胶/固体电解质混合以实现颜色变化的功能。在这些传统的工作模式中，电致变色特性受到电致变色材料和电极之间的小接触面积的限制/电解质伴随着有效电子传导/离子传输的限制。近年来，具有优异比表面积、多孔等电致变色材料得到有效开发。在本节中，将系统地讨论应用于电致变色层的各种尺寸和种类的材料的进展。按照化学性质的不同可以分为无机电致变色材料、有机电致变色材料以及无机/有机复合电致变色材料。

6.1.3.1 无机电致变色材料

无机电致变色材料主要是由过渡金属氧化物及其类似物组成。目前，被公认的无机材料变色机理为Faughnan模型，即双注入//输出模型。此外，还有Deb模型、Schiemer模型等。过渡金属氧化物是由于过渡金属原子轨道有未成对的电子，可以吸收外来电子。当施加外界电压后，金属价态发生改变，致使材料颜色发生变化。根据着色反应原理的不同，渡金属氧化物分为阳极着色金属氧化物和阴极着色金属氧化物。

阳极着色金属氧化物是指在正电压下金属氧化物由低价态向高价态转换而着色，而在负电压下金属氧化物由高价态向低价态转换而褪色，主要包括氧化镍（NiO）、四氧化三钴（Co_3O_4）和二氧化锰（MnO_2）等。阴极着色金属氧化物是指在负电压下金属氧化物由高价态向低价态转换而着色，而在正电压下金属氧化物由低价态向高价态转换而褪色，主要包括三氧化钼（MoO_3）、二氧化钛（TiO_2）和三氧化钨（WO_3）等。此外，五氧化二钒（V_2O_5）被认为是一种既有阳极着色性能且兼具阴极着色性能的双着色金属氧化物。

NiO电致变色材料：NiO是一种最具有代表性的阳极电致变色材料，同时属于一种禁带宽度较宽的p型半导体变色材料。NiO具有原料成本低、着色效率高、光学调制范围较宽以及良好的循环稳定性等优点。由于NiO在负电压下表现出高度透明的褪色态，因此常被用于与阴极电致变色材料组装成互补型电致变色器件。NiO电致变色材料一般在KOH和NaOH等碱性电解液中进行氧化还原反应，变色机理如方程式（6-1）和式（6-2）所示。

$$NiO+OH^- \longleftrightarrow NiOOH + e^- \tag{6-1}$$

$$NiO+H_2O \rightarrow NiOOH + H^+ + e^- \tag{6-2}$$

WO_3电致变色材料：WO_3是一种经典的阴极电致变色材料，此外还是一种带隙较宽的n型半导体电致变色材料，WO_3主要有单斜晶系、四方晶系、六方晶系以及正交晶系，不同晶相将会导致变色性能存在差异，因此WO_3备受众多科研人员的青睐。相比于其他过渡金属氧化物，WO_3的电致变色性能更为出色，包括更大的光学调制范围、良好的循环可逆性、较高的着色效率以及较低的工作电压等优点，常被用于与其他电致变色材料复合来增强电致变色性能。

　　传统的WO_3通常采用磁控溅射制备致密的电致变色薄膜。但是该方法通常存在成本高、制备工艺复杂等缺点。此外，所制备的薄膜的电致变色性能不够理想，无法满足柔性电致变色器件对快速开关速度和光调制能力等优异性能的要求。为了克服上述障碍，具有大比表面积、反应活性位点较多的WO_3纳米材料受到了高度重视。已开发了许多高效、低成本的WO_3的制备方法，例如化学气相沉积（CVD）、自组装技术、电化学模板/非模板沉积、溶胶－凝胶方法、静电纺丝、水热合成等，设计合成了大量0D、1D、2D、3D等纳米结构的WO_3，并加工制造出可快速响应的高性能电致变色器件。

　　目前，Faughnan模型被公认为是WO_3类过渡金属氧化物的电致变色机理，即当阳离子和电子同时从WO_3薄膜中嵌入或脱出时会导致薄膜颜色（无色或黄色和蓝色）发生改变，其变色机理如方程式（6-3）表示。

$$WO_3 + xA^+ + xe^- \longleftrightarrow A_xWO_3 + e^- \qquad (6-3)$$

其中，A^+代表H^+和Li^+等小体积阳离子。

6.1.3.2　有机电致变色材料

　　相比于无机电致变色材料，有机电致变色材料具有颜色变化丰富、易于制备柔性器件以及分子可调性强等优势。有机电致变色材料主要分为有机小分子电致变色材料、导电聚合物及其衍生物电致变色材料两类。

　　（1）有机小分子。

　　紫精（1，1'-双取代-4，4'-联吡啶类化合物的季胺盐）属于一种最典型的有机小分子电致变色材料。紫精具有三种氧化还原状态，即二价阳离子完全氧化态（无色）、一价阳离子单氧化态（深色）和中性态（浅色），具体的变色过程如图6-1所示。此外，通过在N上引入不同的取代基可以对分子结构进行调节，进而制备出不同颜色的紫精类化合物。紫精类化合物一般被当作阴极电致变色材料使用，通常将其与其他阳极材料进行复合组成互补型电致变色材料，进一步拓展其在实际中的应用。

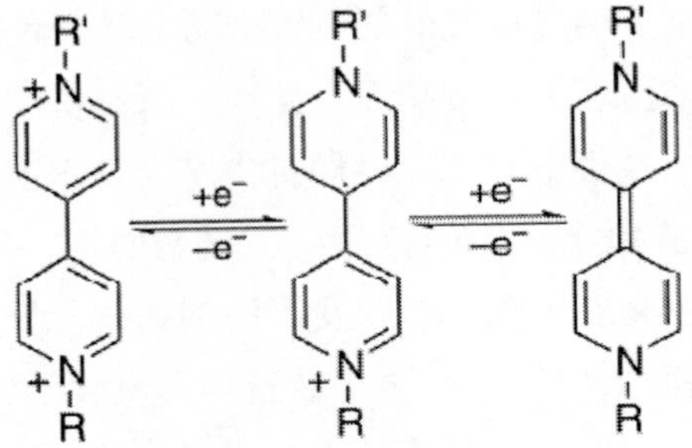

图6-1 紫精的3种氧化还原态

（2）导电聚合物。

导电聚合物是结构上存在共轭π键的高分子材料，并同时具有金属性质和半导体性质。当外来电子注入时，导电聚合物会产生大的共轭离域体系，导致电子向不同的能级跃迁，并且伴随着颜色变化。

电子转移是导电聚合物电致变色中最基本的化学过程之一，通过改变施加在导电聚合物上的电压可以改变其掺杂程度，也就改变了导电聚合物的能带结构，从而改变其光吸收特征（调节VIS和NIR区域的光传输），从视觉上表现出材料颜色的变化。导电聚合物的混合价特性在电致变色机理中起主导作用。它们的有机氧化还原活性部分具有不同的氧化态。这些部分中的电荷载流子（电子或空穴）可以通过电激发转移，产生电致变色现象并促进NIR区域的光调制。VIS和NIR区域的吸收强度取决于氧化态，并且可以通过施加的电位进行可逆调节。这是因为导电聚合物随着电化学掺杂程度的增加，可以在其价带（valence band）和导带（conduction band）间逐渐形成具有更小带隙的极化子能级、双极化子能级，甚至双极化子能带等（图6-2，以PEDOT为例）。这些新能级的建立使得价电子跃迁的能量发生了变化，在光谱上表现为光吸收的变化。除了因为互补光被吸收显示颜色外，对于导体材料的颜色也可来自材料对低于其等离子共振频率光波的反射。

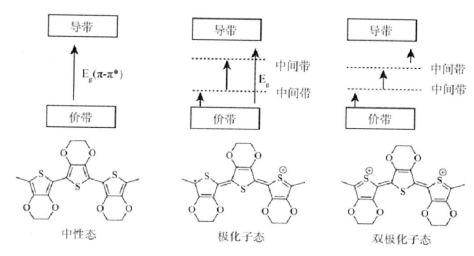

图6-2 不同氧化还原态下PEDOT的分子结构与能带结构

最经典的导电聚合物有聚吡咯（PPy）、聚噻吩（PTh）、聚苯胺（PANI）及其衍生物等。

PPy电致变色材料：PPy是一种C、N五元芳杂环分子结构的聚合物，其分子结构如图6-3所示。PPy具有环境友好、分子结构易修饰、结构单元较小以及导电率较高等优点。PPy本身并不具有导电性，经过掺杂后才具有导电性，一般通过化学氧化聚合法和电化学聚合法进行制备。PPy一般在高氯酸锂/乙腈（LiClO$_4$/PC）电解液中进行电化学反应测试，其颜色由蓝紫色变为黄绿色。相比于PANI和PTh而言，PPy电致变色性能较差，这是由于其底色较强，只有在薄膜较薄的状态下展现出明显的颜色变化，而在薄膜较厚的状态下光学对比度较差。为了克服这一缺陷，将PPy进行修饰或与其他材料进行复合可有效改善其电致变色性能和电化学性能。

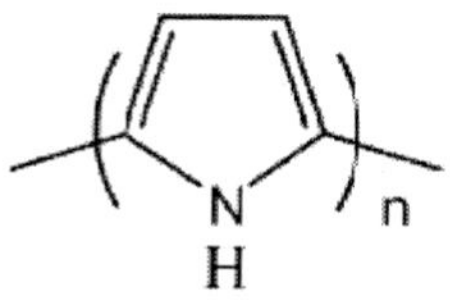

图6-3 聚吡咯分子结构示意图

PTh电致变色材料：PTh是一种含S的五元芳杂环分子聚合物。处于氧化态的PTh在空气中极易被还原，因此具有良好稳定性的PTh衍生物聚3，4-乙烯二氧噻吩（PEDOT）引起了科研工作者的广泛关注。相比于PTh，PEDOT的噻吩基上多存在两个给电子的氧，从而导致它具有更好的氧化还原稳定性、更高的导电率以及更加优异的电致变色性能等。在外加电压下PEDOT发生氧化还原反应，在氧化态时表现为浅蓝色状态，还原态时表现为深蓝色状态。

PANI电致变色材料：相比于PPy和PTh，PANI具有更多优点，包括原料易得、易于加工、颜色变化丰富以及光学对比度高等，因此它被认为是最有潜力的有机电致变色材料之一。

（3）金属有机螯合物。

金属有机螯合物又被称作金属有机络合物，分子结构为提供d空轨道的金属离子（过渡元素）直接与多个配体（提供孤对电子的有机分子）形成络合结构，其中金属离子处于多个配体的中间位置。金属酞菁分子结构的示意图如图6-4所示。金属有机螯合物产生电致变色的原因是过渡金属离子与配体形成螯合物时，处于多配体中间位置的金属离子受到多个配体的影响，所提供的d轨道分裂成高能级轨道和低能级轨道，受轨道能级差的影响，发生了电子跃迁，导致金属有机螯合物吸光度的变化，表现为颜色的改变。

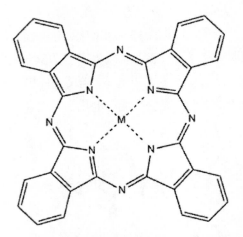

图6-4　金属酞菁分子结构的示意图（M代表金属离子）

6.1.3.3 复合电致变色材料

鉴于有机电致变色材料和无机电致变色材料自身存在的优点与缺点，将有机或无机电致变色材料与其他材料进行复合形成复合材料，可有效地改善自身缺陷从而使电致变色性能最优化。根据化学组成的不同，复合材料可以分为无机/无机复合材料、有机/有机复合材料和无机/有机复合材料。

（1）无机/无机复合电致变色材料。

无机电致变色材料具有循环可逆性好、制备方法成熟以及与基底黏附性好等优点，但单一的颜色变化、较慢的颜色切换速度以及低的着色效率等问题限制了其在电致变色领域的发展。为了改善这些缺点优化其电致变色性能，研究人员考虑将其与其他无机材料进行复合，以克服单一材料的缺陷，从而产生更加全面的电致变色特性。

（2）有机/有机复合电致变色材料。

有机电致变色材料具有颜色变化多样、分子易调节、成本较低，但存在着与衬底附着力差、基底难成膜等缺点。为了改善这些缺点，研究人员考虑将其与有机材料进行复合，以克服单一材料的缺陷，从而使电致变色性能达到最优化。

（3）无机/有机复合电致变色材料。

无机/有机复合电致变色材料不仅可以克服无机电致变色材料响应速度慢、着色效率低以及颜色变化单一等缺点，而且还可以弥补有机电致变色材料循环寿命不佳等问题。相比于无机/无机和有机/有机电致变色材料，该复合材料通常具有独特显微结构和表观协同效应，可有效强化复合材料整体性能，因此无机/有机复合材料在电致变色性能方面的研究成果较多。

6.2 聚合物类电致变色材料

聚合物类电致变色材料由于其独特的优势，目前正逐渐受到学术界和工业界的关注。首先，相较于无机电致变色材料，高分子聚合物电致变色材料具有更加简单多样的结构设计手段，可以通过接枝、共聚等方式对分子结构进行改性。此外，相较于有机小分子，高分子聚合物又具有良好的成膜性、可加工性和热性能。使其在器件制备中可以通过旋涂、滴涂、静电纺丝等简单工艺轻易制备。同时聚合物良好的机械性能又使得其在柔性器件的应用中更有优势。

6.2.1 聚合物类电致变色材料的分类

目前，根据结构的不同，聚合物类电致变色材料主要分为两类，即共轭聚合物电致变色材料和非共轭聚合物电致变色材料。

6.2.1.1 共轭聚合物电致变色材料

共轭聚合物电致变色材料主要有聚噻吩、聚苯胺、聚咔唑、聚吡咯和聚三苯胺等。它们的共同特点是在外加电场的条件下，可以通过调整共轭程度从而改变光谱吸收，进而影响颜色状态。

聚噻吩作为一种S杂五元环，具有优异的稳定性和结构设计的多样性，因此是研究最多的一类共轭聚合物。目前，最主流的研究方向是通过对噻吩的3，4号位进行修饰，从而改变聚合物的电致变色特性。例如，通过在噻吩的3，4号位引入环化二烷氧基，可以在不破坏共轭程度的基础上降低材料的氧化电位，从而提升循环稳定性、获得优秀的电致变色能力。最为著名的聚噻吩类电致变色聚合物是聚（3，4-乙酸二氧噻吩），即PEDOT。这种材料在中性态时是深蓝色的，然而随着外加电位的提高，可以逐渐变成浅蓝色。PEDOT作为一种已经成功商业化的材料，可以通过较为简单的改性方法提升材料性能。目前，在PEDOT基础上，聚噻吩的家族逐渐完善，构筑出了更多丰富多彩的电致变色材料。Reynolds课题组在这领域有着突出的贡献[1]，在2008年该课题组基于调整供体-受体比例的方法制备出了第一个中性状态为黑色的电致变色聚合物，可以在全部可见光范围内（400~780nm）实现吸收。此外，当聚合物氧化时，由于吸收波长的红移，薄膜能够呈现出高透过的氧化状态，表现出了可逆的电致变色行为。

6.2.1.2　非共轭聚合物电致变色材料

非共轭聚合物电致变色材料是电致变色聚合物研究方向上的另一个重点。与共轭聚合物电致变色材料不同，非共轭电致变色聚合物是一种局部含有能发生"可逆氧化-还原"反应的电活性基团的聚合物。为了使材料获得优异的实用性，聚合物主链结构通常会选择化学性质稳定，机械性强，可加工性良好的高分子结构，如聚酰亚胺、聚酰胺、聚芳醚和硅氧烷等。而电活性单元则会选择电化学可逆性好，光谱变化范围广的结构。目前常用于构建非共轭电致变色聚合物的电活性基团主要有三苯胺、紫罗精、咔唑和苯胺齐聚物等。在这其中，螺旋桨形的三苯胺由于其良好的热稳定性和电化学稳定性，目前是最被广泛研究和使用的一类电化学结构。台湾省的Liou课题组[2]自从2005年首次提出含垂体结构的电致变色聚酰亚胺开始，不断在这领域深耕，作出了一系列突出的贡献。通过在三苯胺的空白位点引入推电子的甲氧基团，不仅可以降低氧化电位，同时也能有效避免电化学循环过程中产生的电化学耦合现象，提升了材料的循环稳定性，使设计的电致变色聚酰亚胺材料能够保持1000个连续循环后透过率无衰减。此外，通过在聚合物主链

① Beaujuge P M, Ellinger S, Reynolds J R.The donor－acceptor approach allows a black－to－transmissive switching polymeric electrochrome[J].Nature materials，2008，7（10）：795-799.

② Yen H J, Liou G S.Solution－processable triarylamine－based electroactive high performance polymers for anodically electrochromic applications[J].Polymer Chemistry，2012，3（2）：255-264.

中引入不同取代基的三苯胺电活性基团也可以实现不同电压下的多重态的颜色转化。此外，Liaw课题组在此基础上，为了提升三苯胺基电致变色聚酰亚胺材料在自然态的透过率，在聚合物主链中引入脂肪环单元和大尺度的扭曲结构。[①]这种方式可以最大程度地减弱电荷转移络合物的形成，因此制备出了一系列可以从完全无色转为彩色甚至是黑色的聚酰亚胺。通过控制电致变色体的共轭长度，无色至黑色的电致变色聚合物薄膜在380~780nm之间表现出了高达91.4%的超高综合对比度。而且，该种材料在具有快速响应能力的同时（1.3/1.1s）也能保持很高的稳定循环性，连续循环3000圈仅有较小的衰减。

6.2.2　聚苯胺基复合材料

PANI的发现起源于19世纪30年代，Runge将苯胺单体在水相溶液中进行氧化得到苯胺黑产物。1862年，Letheby在硫酸溶液中对苯胺单体进行电化学反应得到苯胺黑固体，并研究了其导电性。1968年，Yu等人[②]采用氧化法成功获得导电PANI。PANI一般通过化学氧化聚合法和电化学沉积法进行制备，由于选取的制备方法不同，导致得到的PANI电导率也存在差异，通常得到的PANI电导率为10S/cm以下。目前，PANI电致变色材料已经被应用于智能窗、传感器、超级电容器、电池等领域。

6.2.2.1　聚苯胺电致变色机理

PANI分子链中存在能够离域的π电子即离域大π键，其主链上存在单双键交替结构，且C原子为sp^2杂化，这种结构的特点使得π电子有较大的离

---

① Zhang Q，Tsai C Y，Li L J，et al.Colorless-to-colorful switching electrochromic polyimides with very high contrast ratio[J].Nature Communications，2019，10（1）：1239.

② De Surville R，Jozefowicz M，Yu L T，et al.Electrochemical chains using protolytic organic semiconductors[J].Electrochimica Acta，1968，13（6）：1451-1458.

域范围。目前，Mac Diarmid提出的理论模型得到科研人员的广泛认同，即施加不同的电压会使PANI分子结构发生改变（苯环-醌环交替存在），同时由于苯环和醌环比例的不同导致颜色发生变化，PANI的分子结构如图6-5所示。

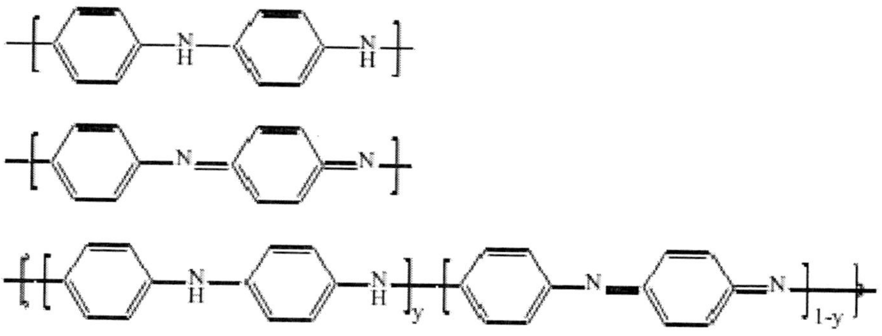

图6-5 PANI的分子结构示意图

其中，y代表PANI的氧化还原水平，y一般为0、0.5和1。由于y值的不同，PANI分子结构单元中苯环与醌环的比例也不相同，进而导致PANI的结构不同，同时外观呈现出不同的颜色变化。当y=0时，PANI达到完全氧化态（Pernigraniline base，PNB），PANI分子结构单元中苯环和醌环的比例为1:1，其颜色显示为蓝色。当y=0.5时，PANI处于中间氧化态（Emeraldine base，EB），PANI分子结构单元中苯环和醌环的比例为3:1，颜色显示为绿色。当y=1时，PANI处于完全还原态（Leucoem Eraldine Base，LEB），PANI分子结构单元中全部为苯环，颜色显示为黄色。PANI本身并不导电，经过掺杂后才具有导电性。PANI的质子化状态决定其是否具有电致变色性能，一般在中性或者碱性介质中制备的PANI为黑色，其本身不具有电致变色性能。然而，在酸性介质中制备的PANI为绿色，通过对其施加不同外部电压，其本身将发生不同的颜色切换。PNB型PANI和LEB型PANI均不具有导电性，通过质子掺杂也无法变为导体。本征态PANI（y=0.5，EB）经过掺杂后将会变为导体，但掺杂后的本征态PANI导电性仍然不够理想，限制了PANI的光电性能。此外，PANI

经过离子的多次掺杂和脱掺杂后会导致其分子链的破裂，从而致使PANI的循环稳定性以及颜色切换速度急剧下降。研究人员为了增强PANI的导电性和稳定性，使其电致变色性能进一步提升，还需要对PANI进行改性或复合。

6.2.2.2　聚苯胺基复合材料的研究进展

研究人员发现，将PANI与其他有机或无机材料进行复合后，其光学调制范围、响应时间、循环稳定性等电致变色性能将会得到改善。早在2004年，Delong champ等人通过逐层组装的方法制备出聚苯胺/普鲁士蓝（PANIPB）复合薄膜，该复合薄膜可以在无色、黄色、绿色和蓝色之间进行切换，这为PANI基复合材料的开发奠定了基础。

除了普鲁士蓝外，科研人员将PANI与其他无机材料复合，并发现这种无机/有机型复合材料的电致变色性能会得到显著提高。Zhang等人[①]采用原位化学氧化聚合法成功制备PANI纳米纤维包裹掺锑氧化锡/二氧化钛（ATO/TiO$_2$@PANI）复合薄膜，并且将该纳米复合薄膜组装成电致变色器件。该纳米复合薄膜电致变色器件的性能明显高于纯PANI薄膜电致变色器件，在660nm处的光学调制范围可达到38.5%，着色时间为1.2s，褪色时间为1.0s，着色效率高达202cm^2/C，此外，该复合薄膜经历5000s的循环后光学调制范围仅仅下降0.2%。该复合薄膜电致变色性能提高可归因于复合薄膜中PANI与ATO/TiO$_2$形成了D-A体系。

除无机材料以外，研究人员将PANI与其他有机材料复合，研究发现这类复合材料的变色范围及响应时间等电致变色性能也会得到显著提升。Zhang等人[②]采用循环伏安法在ITO导电玻璃上成功制备苯胺和邻硝基苯胺的

---

① Zhang S, Chen S, Yang F, et al.High-performance electrochromic device based on novel polyaniline nanofibers wrapped antimony-doped tin oxide/TiO$_2$ nanorods[J].Organic Electronics，2019，65：341-348.

② Zhang B, Xu C, Xu G, et al.Electrosynthesis and characterizations of a multielectrochromic copolymer based on aniline and o-nitroaniline in visible-infrared region[J].Journal of Applied Polymer Science，2019，136（13）：47290.

共聚物薄膜。通过调整所供给的电压，共聚物薄膜可以在苹果绿、深绿和深蓝之间显示出可逆的颜色变化，着色/褪色响应时间分别为4.47s/1.89s，在550nm处的最大光学调制范围约为60%，着色效率可达到60.71cm²/C，相比于单一的PANI薄膜，共聚物薄膜的电致变色性能得到显著提高。Abaci等人[①]采用电聚合的方法在ITO导电玻璃上得到PPy和PANI双层涂层，相比于单一的PPy和PANI涂层，复合薄膜具有更高的光学调制范围和变色稳定性。

6.2.2.3　WO₃/PANI复合薄膜

PANI不仅是一种常见的有机电致变色材料，同时还是P型导电聚合物的重要代表，因其颜色变化丰富、成本低廉、掺杂可逆性好的特点而被广泛研究，使其成为电致变色领域中极具潜能的材料。然而其较差的循环稳定性限制了其应用。因此，提升PANI的稳定性对于进一步发展PANI类电致变色材料在电致变色领域的应用具有重要意义与价值。在众多无机电致变色材料中，WO₃不仅具有电致变色性质，同时还兼具n型半导体性质。诸多研究表明，WO₃的电致变色性能优于其他无机电致变色材料，如制备成本低、光学调制范围大、循环稳定性好、驱动电位低以及与基底黏附性强等。因此，为了改善PANI存在的缺陷，将WO₃与PANI复合形成供D–A结构的复合材料是一种非常有效的方法。

本节的工作目的是将WO₃与PANI高效复合构建具有D–A结构的无机/有机复合体系。利用两步电化学沉积的方法在FTO玻璃基底上成功制备WO₃/PANI复合薄膜。

（1）基底预处理。

将透明的FTO导电玻璃剪裁成尺寸为10mm×20mm的大小，并对其进行清洗，清洗步骤为：首先在含有甲醇溶液的烧杯中放入FTO导电玻璃片，

---

① Abaci U, Guney H Y, Kadiroglu U.Morphological and electrochemical properties of PPy, PAni bilayer films and enhanced stability of their electrochromic devices（PPy/PAni – PEDOT, PAni/PPy – PEDOT）[J].Electrochimica Acta，2013，96：214–224.

密封后放入超声清洗机中超声20min；然后将溶液换成丙酮继续密封超声20min；最后用去离子水超声20min。将清洗干净的FTO导电玻璃置于烘箱中干燥待用，在实验前取出，使用万用表测量出FTO导电玻璃的导电面。

（2）WO_3薄膜的制备。

取1.166g $Na_2WO_4 \cdot 2H_2O$倒入洗干净的烧杯中，再向其中加入50mL蒸馏水，将装有$Na_2WO_4 \cdot 2H_2O$水溶液的烧杯放置在磁力搅拌器上，搅拌10min直到完全溶解。然后，在磁力搅拌下加入1.6mLH_2O_2（35%）搅拌10min，同时可以看到溶液由无色变为黄色。最后，在磁力搅拌下加入0.6mL浓硝酸搅拌10min，直到溶液由黄色变为无色。将制备好的溶液转移至清洗干净的石英电解池中，工作电极为FTO导电玻璃，对电极为铂片，参比电极为Ag/AgCl电极，采用电化学沉积的方法制备WO_3薄膜。首先设置–0.5V的恒定电压，沉积时间分别为300s、500s、700s和900s得到了四种WO_3薄膜。再设置沉积时间为700s，沉积电压分别为–0.4V、–0.5V、–0.6V和–0.7V得到了四种WO_3薄膜。

（3）WO_3/PANI薄膜的制备。

取60mL蒸馏水倒入洗干净的烧杯中，再用移液枪取1.6mL浓硫酸加入烧杯中，接着加入0.55mL苯胺，然后放置在超声机中10min至白色沉淀全部分散在溶液中，得到了苯胺溶液，最后将苯胺溶液转移到洗干净的石英电解池中待用。工作电极为WO_3/FTO导电玻璃，对电极为铂片，参比电极为Ag/AgCl电极，采用电化学沉积的方法，设置1.5V的恒定电压，600s的沉积时间得到了一系列WO_3/PANI薄膜。沉积结束后，用稀硫酸和蒸馏水清洗干净以除去未聚合的单体、低聚物和薄膜上残余的电解质，干燥后得到WO_3/PANI复合薄膜。除此之外，还采用相同的制备条件和方法在FTO导电玻璃基底上制备了PANI薄膜。FT–IR、XRD表征测试时需要将PANI薄膜、WO_3薄膜和WO_3/PANI薄膜从FTO导电玻璃上剥离，剥离后的粉末放置于真空烘箱内进行干燥，以除去粉末中所吸收的水分。

6.2.2.4　Au/PANI复合薄膜

PANI本身存在着三种氧化还原状态，即黄色的完全还原态、绿色的中间氧化态（本征态）以及蓝色的完全氧化态。完全还原态的PANI和完全氧化态的PANI均不具有导电性，通过质子掺杂也无法变为导体。本征态PANI经过掺杂后将会变为导体，但掺杂后的本征态PANI导电性仍然不够理想，限制了PANI的光电性能。因此，提升PANI的导电性对于进一步发展PANI类电致变色材料在电致变色领域的应用具有重要意义与价值。近年来，纳米技术已成为广泛研究的主题，并引起研究人员的极大兴趣。金纳米粒子作为一种重要的纳米粒子，由于其高导电性、低毒性、强稳定性、高比表面积以及出色的电子捕获能力等优点，非常适合与其他材料进行复合。金纳米粒子的制备方法主要是液相还原法和电沉积法等。目前，各种金纳米结构被相继报道，如纳米粒子、纳米棒、纳米片以及其他纳米结构。相比于块状结构，纳米结构具有高的比表面积从而增加更多的活性位点，同时纳米结构的厚度更薄，可有效缩短材料中电子和离子的传输途径。

因此，本实验的目的是将PANI与金纳米粒子复合，通过金纳米粒子的高导电性来改善PANI基复合材料的电致变色性能。首先利用静电吸附自组装法在FTO玻璃基底上成功制备不同时长的金纳米粒子薄膜，然后采用电化学沉积的方法在金纳米粒子薄膜上覆盖一层PANI，成功制备Au/PANI复合薄膜。

（1）基底预处理。

将透明的FTO导电玻璃剪裁成尺寸为10mm×20mm的大小，并对其进行清洗，清洗步骤为：首先在含有甲醇溶液的烧杯中放入FTO导电玻璃，密封后放入超声清洗机中超声20min；然后将溶液换成丙酮继续超声20min；最后用去离子水超声20min，以去除FTO导电玻璃表面的油垢和灰尘。将清洗干净的FTO置于烘箱中干燥待用。在使用前取出，使用万用表测量FTO导电一侧。

（2）金纳米粒子薄膜的制备。

金纳米粒子薄膜的制备选用静电吸附自组装法，具体步骤如下：第一步将清洗干净的FTO导电玻璃片进行改性，使其表面呈负电性。取2mL聚二烯丙基二甲基氯化铵和32mL蒸馏水置于烧杯中，同时超声10min得到无色透明的溶液并倒入清洗干净的一次性蒸发皿中，将清洁的FTO玻璃片导电面朝上放入其中，静置30min，然后取出FTO玻璃用蒸馏水冲洗干净并烘干。第二步制备金纳米粒子前驱体溶液。用量筒量取50mL蒸馏水倒入锥形瓶中，然后加入1.3mL氯金酸溶液。同时用电子天平称取0.025g柠檬酸钠粉末于离心管中，加入0.5mL蒸馏水，制得50mg/mL柠檬酸钠溶液。将氯金酸溶液搅拌并加热至沸腾时迅速将配置好的柠檬酸钠溶液（0.3mL）倒入其中并搅拌20min，冷却至室温待用。第三步取出改为负电性的FTO玻璃片（导电面朝上）放入清洗干净的蒸发皿中，将制备的金纳米粒子前驱体溶液倒入蒸发皿中，盖上盖子分别浸泡0.5h、1h、1.5h和2h后取出清洗干燥备用。

（3）Au/PANI薄膜的制备。

移取1.6mL浓硫酸溶液加于60mL蒸馏水中，接着加入0.55mL苯胺溶液，超声10min至白色沉淀全部分散，将得到的无色透明溶液作为电解液。取出制备好的不同浸泡时间的AuFTO导电玻璃作为工作电极，铂片作为对电极，Ag/AgCl为参比电极，设置恒定电压1.2V，沉积时间120s。沉积结束后，用稀硫酸和蒸馏水清洗干净以除去未聚合的单体、低聚物和薄膜上残余的电解质，干燥后即得到不同种类的Au/PANI复合薄膜。此外，还采用相同的制备条件和方法在FTO导电玻璃基底上制备了PANI薄膜。

另外，对制备的薄膜材料进行FT-IR、XRD表征测试时，需要将薄膜材料从FTO导电玻璃基底上剥离，收集剥离下来的粉末并放在真空干燥箱中烘干，以去除粉末中残留的水分。

6.2.3 聚噻吩基电致变色材料

6.2.3.1 PEDOT/MWCNTs双层薄膜

目前，从已研究的电致变色材料来看，大部分电致变色材料存在循环稳定性差的缺点。考虑到成本和变色种类多少等因素，当前的研究重点为有机类电致变色材料。在有机电致变色材料中，最具代表性的材料为聚噻吩及其衍生物。在制备聚合物基电致变色器件过程中，常用的成膜方法有真空蒸镀沉积、喷雾热解法、化学气相沉积、电沉积、喷涂法、溶胶凝胶法和阳极氧化法等。电沉积作为一种低成本、易操作的薄膜制备方法，可以控制所制备薄膜的表面形貌、结构和厚度。电化学沉积方式变化时，所制备薄膜的表面形貌和电化学性能也随之改变，其中循环伏安沉积、恒电流沉积和脉冲电沉积存在薄膜表面形貌不均匀的现象，从而导致器件的变色性能降低。恒电位沉积可通过控制电压来调节薄膜的均匀性和厚度，有利于提高器件的循环稳定性。此外，喷涂法是通过气泵在喷枪内部形成一个具有较高气压的密闭空间，然后将制备好的聚合物分散液通过喷枪口喷射到ITO基底上形成聚合物薄膜。该方法操作简单，在大面积变色薄膜的制备中应用较广。

为进一步改进ECDs的变色性能，学者们将纳米材料（纳米颗粒、纳米管、纳米片、纳米棒或纳米晶等）与聚合物杂化制备复合型电致变色材料。碳纳米管具有类似高分子的结构，与聚合物复合时，会形成完整的结合界面，得到性能优异的复合材料，并且碳原子在纳米管的螺旋性及碳纳米管的直径决定了碳纳米管独特的电学性能，如金属性或半导体性。通过在聚合物中引入碳纳米管，可以提高材料的力学、电学以及电致变色性能。

综上所述，本节采用恒电位沉积法在ITO玻璃上制备聚（3-己基噻吩）（P3HT）薄膜，然后将MWCNTs水分散液与PEDOT水分散液以体积比2∶3混合，并喷涂到ITO玻璃表面制得PEDOT-MWCNTs复合薄膜。此外，在ITO玻璃上分别喷涂MWCNTs和PEDOT的水分散液制备PEDOT/MWCNTs双层薄膜。其中，MWCNTs的分子结构如图6-6所示。

图6-6　MWCNTs的结构示意图

（1）P3HT薄膜的制备。

将ITO玻璃（厚度1.1mm）用玻璃刀切割成20mm×25mm的小块玻璃，然后依次用甲苯、丙酮、乙醇和去离子水清洗。取干燥后的20mm×25mm ITO玻璃，将ITO玻璃垂直插入0.01mol/L 3，4乙烯二氧噻吩/三氟化硼乙醚溶液中。采用Corrtest CS350H电化学工作站，以ITO玻璃为工作电极、Pt片为对电极，在ITO衬底上施加阳极电势进行电化学沉积。沉积电压为+1.8V，沉积时间为120s。沉积完成后，在ITO玻璃上制得P3HT薄膜。

（2）PEDOT薄膜的制备。

取干燥后20mm×25mm的ITO玻璃，用喷枪在ITO玻璃上喷涂0.1mol/L PEDOT溶液30mL，喷涂面积为2cm×2cm。然后待其自然晾干，制得PEDOT薄膜。

（3）PEDOT-MWCNTs复合薄膜的制备。

取干燥后的20mm×25mmITO玻璃，然后将30mL的0.1mol/L PEDOT与20mL的0.1mol/L MWCNTs的水分散液充分混合（体积比为3∶2）。用喷枪将PEDOT和MWCNTs混合分散液（共50mL）喷涂到ITO玻璃上，所喷涂的有效面积为2cm×2cm，然后待其自然晾干，得到PEDOT-MWCNTs复合薄膜。

（4）PEDOT/MWCNTs双层薄膜的制备。

取干燥后的20mm×25mmITO玻璃，然后将20mL的0.1mol/L MWCNTs溶液喷涂到ITO玻璃（20mm×20mm）上。待其晾干后，再将30mL的0.1mol/L PEDOT溶液喷涂到MWCNTs薄膜表面。晾干后得到PEDOT/MWCNTs双层薄膜。

6.2.3.2　PEDOT/H-MWCNTs双层薄膜

研究表明，通过在对电极中引入MWCNTs制备PEDOT/MWCNTs双层薄膜，可以改善互补型变色器件的循环稳定性。这是由于MWCNTs具有优异的导电性，而且可以调控PEDOT的微观形貌，进而提高器件的性能。近年来，在MWCNTs中出现了一种新的螺旋状多壁碳纳米管（H-MWCNTs）。根据卷曲方式不同，CNTs可分为对称非手性结构和不对称手性结构，非手性结构包括扶手椅型和锯齿型，而手性结构又称为螺旋型。螺旋型CNTs具有特殊的结构，即存在镜像结构对应物，但并不能完全重合，如同左手与右手一样，称为手性。因此，螺旋型CNTs也称为手性CNTs。螺旋型CNTs是一种具有类似二级螺旋结构的CNTs，具有优异的力学、电学和磁学性能。与MWCNTs相比，H-MWCNTs由于其独特的螺旋状结构，具有更大的比表面积。通过将H-MWCNTs引入到电致变色聚合物薄膜中，更容易形成高比表面积、多孔和高导电性的三维立体薄膜微观结构，有利于提高器件的电致变色性能。

为进一步改善器件的循环稳定性，本节采用恒电位沉积法在ITO玻璃上制备聚（2，2'-双噻吩）（PBTh）薄膜，并利用喷涂法制得PEDOT/H-MWCNTs双层薄膜。

（1）PBTh薄膜的制备。

称取0.066g 2，2'-双噻吩和0.2128g高氯酸锂，将其溶于20mL的超干乙腈中配制成浓度为0.02mol/L的电解液，充分搅拌20min后待用。取干燥后20mm×25mm的ITO玻璃，将ITO玻璃垂直插入0.02mol/L的上述溶液中。采用Corrtest CS350H电化学工作站，以ITO玻璃为工作电极、Pt片为对电极，在ITO衬底上施加阳极电势进行电化学沉积。沉积电压为+2.0V，沉积时间为120s，有效沉积面积为2×1.5cm^2。沉积完成后，在ITO玻璃上得到PBTh薄膜。

（2）PEDOT薄膜的制备。

取干燥后的ITO玻璃（20mm×25mm），用喷枪在ITO玻璃上喷涂30mL PEDOT的乙醇分散液（0.1mol/L），有效喷涂面积为2×1.5cm^2，自然晾干后备用。

（3）PEDOT/H-MWCNTs双层薄膜的制备。

取干燥后的ITO玻璃（20mm×25mm），然后将20mL的0.01mol/L H-MWCNTs乙醇分散液喷涂到ITO玻璃（有效面积为2×1.5cm^2）上。待其晾干后，将30mL的0.1mol/L PEDOT乙醇分散液喷涂到H-MWCNTs/ITO表面，自然晾干后得到PEDOT/H-MWCNTs双层薄膜。

6.3   金属有机配合物类电致变色材料

金属有机骨架（Metal Organic Frameworks，MOFs）是一类由有机连接体和无机节点组成的高比表面积多孔材料。1995年，MOFs概念被首次提出，Yaghi等在Nature杂志中首次报道了一个由刚性有机配体苯三羧酸三乙酯（BTC）与过渡金属Co合成的具有二维结构的配位化合物。在此后的二十多年，金属有机框架以惊人的速度不断发展，典型代表有MOF–5、MOF–14、MOF–177等。常见MOF材料分类如图6–7所示。

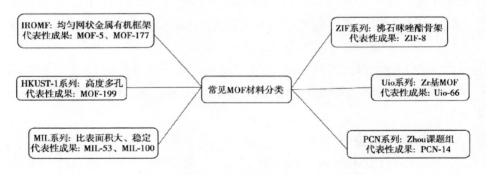

图6-7   常见MOF材料分类

金属有机配合物由于具有良好的氧化还原性质和强烈的电荷转移吸收能力，因此是另一种很有潜力的电致变色材料。在通常情况下，金属有机配合物的吸收波长和对应的颜色转换主要取决于金属离子和配体的氧化还原状态。因此，可以通过改变配体分子的结构或金属离子种类的方式，来改变过渡金属配合物的能带结构，从而实现丰富的色彩变化。然而，目前金属有机配合物电致变色材料的颜色纯度和调节范围都比较差。而且由于该种材料的制备工艺较为复杂，因此很难制备大面积的器件，这使得金属有机配合物电致变色材料在大规模应用方面仍存在挑战。

金属有机框架的优势在于其可设计性，通过对骨架结构和客体的选择，结合目标需求确定材料成型手段，结构多样性以达到功能多样性。MOF电致变色器件的发展历程如图6-8所示。

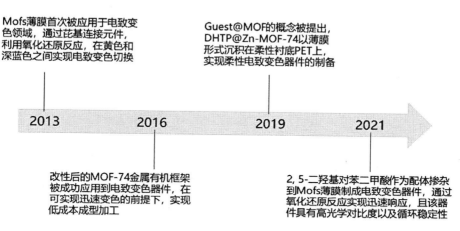

图6-8　MOF电致变色器件的发展历程

目前在金属有机配合物电致变色材料领域中，通过多吡啶基配体与不同的金属离子（例如Fe^{2+}、Ru^{2+}和Os^{2+}）结合的方式最为常见。它的变色原理主要是：在自然态状态下，大多数金属多吡啶配合物的金属中心处于M^{2+}态。由于金属和配体之间存在电荷转移作用（MLCT），因此在自然状态下可以产生较强的吸收光，在宏观上表现为色彩的出现，此时电致变色膜处于着色态。随着外部电位的提升，金属离子被氧化成为M^{3+}价态，此时MLCT逐渐消失，可见光范围内的光吸收和相应的颜色强度也逐渐降低。此时电致变色膜的颜色变浅，位于漂白状态。由于这个过程是可逆的，因此可以实现良好的电致变色颜色转换。

目前，随着配位络合金属离子选择的多样化，吡啶基有机配合物电致变色材料得到了蓬勃发展。Higuchi课题组通过使用不对称双位配体创造性地制备了一种三维超支化的Fe（Ⅱ）基金属超分子聚合物。[1]该材料表现出了

① Narayana Y，Mondal S，Rana U，et al.One-step synthesis of a three-dimensionally hyperbranched Fe（Ⅱ）-based metallo-supramolecular polymer using an asymmetrical ditopic ligand for durable electrochromic films with wide absorption, large optical contrast, and high coloration efficiency[J].ACS Applied Electronic Materials，2021，3（5）：2044-2055.

很宽的吸收范围，不仅可以实现从430nm到640nm的全吸收，而且还能保持平均高于70%的光学对比度。此外，相较于传统的线性聚合物，三维化的金属络合物能够表现出3倍以上的着色效率提升，高达689cm²/C。

6.4 有机小分子电致变色材料

相较于无机物，有机小分子电致变色材料不仅具有响应速度快、颜色纯度高、吸收光谱窄的优点，而且由于其结构简单、合成方式多样，因此更容易通过化学修饰、物理共混等方式进行改性，从而产生更加丰富的颜色变化。然而，受限于小分子本身较差的成膜性以及机械性能，因此通常情况下只能将其溶于电解质中才能使用，这不仅增加了器件制备难度，同时也限制有机小分子电致变色材料的使用场景。

紫精类电致变色材料，实际上是基于N，N-双取代-4，4-联吡啶阳离子盐结构的一类材料的总称。人们最早发现并应用的是二氯化N，N-二甲基-4，4-联吡啶，这种简单的分子结构最初被人类添加在除草剂中，作为"百草枯"唯一的活性成分而被广泛知晓。之后的研究中，人们发现这种吡啶阳离子盐在碱性环境中会表现出深紫色的状态，故这种材料又被称为"紫罗碱"，也就是我们现在惯用的称呼"紫精"。而1973年C.J. Schoot等科学家将紫精类分子作为一种电致变色材料成功制备出了记忆显示器件以来，有关紫精在电致变色领域的报道便如雨后春笋一般蓬勃生长。

目前在小分子电致变色材料领域中，研究最多的是紫罗精类化合物，即一类含联吡啶盐结构的小分子化合物。在外加低电位进行第一氧化反应时，中性无色的紫罗精能够部分氧化成单阳离子态，产生强烈的光电转移，在宏观尺度上能够表现出由无色向深色的颜色转变。当外加电位继续升高，单阳离子态进一步氧化成双阳离子态时，此时光谱吸收消失，在宏观尺度上恢复成无色状态。由于紫罗精类化合物上的氮原子易被修饰和改性，因此通过引入不同链长的烷基链或不对称的取代结构均可以轻易地影响紫罗精单阳离子自由基的吸收能级，进而产生不同的颜色变化。

目前紫罗精类电致变色材料的研究重点主要集中在如何增大响应速度，提升着色效率方面。常见的方式是利用络合或者吸附降低紫罗精小分子在电解质中的扩散，从而增加电致变色器件的整体表现。例如，Cummins等人通过化学锚定或吸附的方式，将紫罗精固定在了具有高比表面积和良好性能的TiO$_2$纳米结构半导体上。[①]由于纳米晶体电极和锚定的生色团之间具有快速的界面电子和离子转移能力，因此这种混合系统可以表现出更快的开关速度、更好的循环稳定性和更高的对比度。

除了紫精类分子之外，其他许多含有杂原子的芳香化合物同样具有电致变色性质，如三苯胺、吩噻嗪、吩嗪以及咔唑等。这类材料的共同特点是都具有sp^{3}杂化的氮原子或者硫原子参与成键，因此具有一定程度的还原性。在被电化学氧化时会产生相应的自由基阳离子而表现出各式各样的着色态。事实上，与无机材料相比，有机小分子电致变色材料拥有极为丰富的着色态色彩，但同时由于上述大部分分子都具有芳香环的结构存在，因而在发生多次电化学氧化的过程中会伴随许多副产物的出现，最常见的就是聚合反应以及与环境中氧气的电子交换，这就导致了这类有机小分子的长期循环稳定性逊色于无机材料。但是紫精的联吡啶阳离子自由基可能是有机自由基中最为稳定的结构之一，因此紫精类材料的稳定性要远高于诸如三苯胺、咔唑这类的结构，这也是紫精能成为有机电致变色材料中应用最广、最受研究者青睐的材料的原因。

---

① Cummins D，Boschloo G，Ryan M，et al.Ultrafast electrochromic windows based on redox-chromophore modified nanostructured semiconducting and conducting films[J].The Journal of Physical Chemistry B，2000，104（48）：11449-11459.

6.5　有机电致变色材料的应用

6.5.1　电子纸

人们在生活中经常能够接触的物品就是书，但是在进行长时间阅读时，会产生视觉疲劳，外出时大量的纸质印刷品不方便携带。人们在此基础上应用电致变色材料，于1975年美国施乐（Xerox）公司研究并提出了电子纸（E-paper）概念，将纸与电子结合。在2001年5月E-Ink公司制造出了电子纸样品。电子纸是像纸一样轻柔、厚度薄、可擦写的显示屏，可以缓解人们的视觉疲劳，信息更新及时、便于携带。电子纸的结构示意图及电子纸阅读器如图6-9所示。

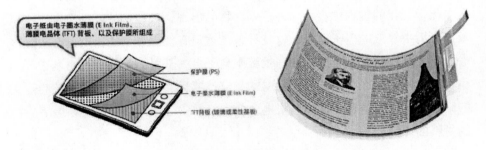

图6-9　电子纸的结构示意图及电子纸阅读器

6.5.2　智能窗

电致变色智能窗是通过调节电压来改变其透过率，从而控制照射进入室内的太阳光。

　　20世纪80年代开始，有机变色材料的兴起，使电致变色重获新生，再次成为大家关注的焦点。美国科学家Lampert和瑞典科学家Granqvist等提出以电致变色薄膜为基础的一种新型智能窗（Smart Windows）概念，引起大家关注，也为后期电致变色的发展作出重要贡献。1999年，Stadt Sparkasse储蓄银行建造了第一面用电致变色玻璃制成的可控制外墙。2008年，将智能变色窗应用到了波音787客机舷窗玻璃，乘客可将客机玻璃从清晰调整到五种颜色逐渐加深的状态直到不透明。电致变色窗还可以控制所透过的太阳光线波长，从而调节大棚内植物的生长，如图6-10所示。目前，电致变色智能窗主要用于航空航天、智能窗、军事伪装等领域，呈现应用广、市场大的特点，在建筑领域主要应用于酒店浴室、屏风、空间互换、展馆、学校、银行、医院等。

图6-10　电致变色智能窗在住宅玻璃、飞机舷窗和植物培养室的应用

　　现代高层建筑为了追求美观，采用了大量玻璃窗与幕墙结构。普通玻璃难以控制光的透射和反射，不能达到隔热保温的效果，大大增加了照明能耗、空调能耗。在能源短缺和温室气体过度排放的大背景下，为了降低这部分能耗，人们开始使用节能玻璃。节能玻璃隔热、遮阳效果好，但是采光性可能会因此受到影响，也不能根据环境对光的透射率和反射率再进行调节。而安装智能电致变色玻璃后的建筑物可以减少供暖和制冷需用能量的25%、照明的60%、峰期电力需要量的30%。装上智能玻璃后，人们不必为遮挡骄阳配上暗色或装上机械遮光罩了。在冬天智能电致变色玻璃能为建筑物多吸

收70%的太阳辐射量，获得漫射阳光所给予的温暖。并且根据市场估算，建筑市场在全球智能玻璃市场中占有最大份额，建筑部分主要包括住宅和商业大厦的应用。在智能玻璃的生产类型中，智能电致变色型玻璃占比最大，几乎占据市场70%的份额。预计2026年全球智能电致变色玻璃市场规模将达到150.2亿美元，在预测期间复合年增长率为18.20%。以电致变色玻璃为代表的新一代智能玻璃成为了当前研究的热点。

6.5.3　汽车防眩目后视镜

人们在驾车途中，往往需要通过车后视镜观察车后路况来保证行车安全，但夜间常因后车光线太强导致驾驶员发生眩目，引发交通事故。通过将电致变色材料引入，研发了智能防眩目后视镜。智能防眩目后视镜由特殊的镜子、前后两个光敏二极管和电子控制器组成，电子控制器通过对比前后两个光敏二极管的强度，便会向光敏二极管强度较高的后视镜导电层上输出电压，来调控镜面变色层的颜色（随着电压升高，颜色越深），驾驶员观察后视镜时，强光变为弱光，防止眩目，保证了行车安全，如图6–11所示。

6.5.4　军事伪装

随着红外探测技术的迅猛发展和武器的红外精确制导，军事红外伪装的需求越来越迫切。近年来出现的导电高分子（CPs）电致变色材料在中远红外波段有着特殊的发射率调制范围，制备成新型红外发射器件用于微型航天飞行器和夜间对抗的可视武器装备，开辟了电致变色材料应用的新途径——军事伪装，如图6–12所示。

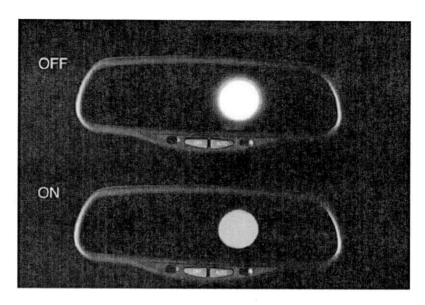

图6-11 电致变色材料在汽车防眩目后视镜中的应用

图6-12 电致变色材料在军事伪装上的应用

6.5.5 电子显示

随着光电领域的快速发展，电致变色材料和器件受到了极大的关注，并由于其低功耗、易观察、柔性、可拉伸等优点，在新兴的电子纸/广告牌、透视显示器和其他新一代显示器中显示出诱人的应用潜力。尽管相关领域不断取得进展，但确定如何使电致变色真正满足成熟显示器的要求（例如，理想的整体性能）一直是一个长期的问题。因此，相关高质量产品的商业化还处于初级阶段。目前电致变色器件在显示领域应用主要有两种主流电致变色显示器原型（分段显示器和像素显示器）及其商业应用。

6.5.6 可穿戴设备

柔性可穿戴设备在下一代电子产品方面有着相当大的前景，包括机器人皮肤人机界面、软电子产品的能源设备和光电设备。将电致变色技术与柔性和可穿戴技术相结合，有望产生新型电致变色设备，在未来的智能服装和植入式显示器中具有巨大的应用潜力。具体来说，其目标是制备具有有限的电致变色功能的高性能面料，这可能会重塑具有生动控制的服装色彩设计的时装业。实际上可以肯定，这种电致变色织物需要满足重要的性能标准，如电致变色功能、耐久性和可用性，因此，可穿戴电致变色的设备配置和所使用的电致变色材料的结构需要专门定制，以满足所需的性能标准。

斯坦福鲍哲南教授等利用仿变色龙设计开发集拉伸性、颜色变化和触觉等多功能于一体的可拉伸电子皮肤，其中可拉伸电子皮肤的颜色可以通过改变施加的压力以及施加压力的持续时间来进行控制。因此，电子皮肤的颜色变化也可以反过来用于区分所施加的压力。可拉伸的、高度可调的电阻式压力传感器和完全可拉伸的有机电致变色设备的集成使得能够演示具有触觉传感控制的可拉伸的电致变色活性电子皮肤。该系统将有广泛的应用，如交互式可穿戴设备、人工假肢和智能机器人。但是可穿戴电致变色要求器件每个组成部分都可以反复扭转、拉伸和弯曲，同时保持电致变色功能不受影响，因此所有材料本身最好为弹性体、可高度形变、在形变过程中性能稳定，且具有良好的生物相容性以满足生物体应用需求。然而前期开发出的产品大多是不可拉伸的，研究人员正致力于开发柔软、可拉伸智能电子设备，使其舒适感更强、适用范围更广。电致变色器件可作为可穿戴电子设备的组成部分，若器件能在保持优异变色性能的条件下兼具力学性能及生物相容性将会实现多种可穿戴电子设备的更新与功能集成化。因此，柔软、可拉伸电致变色器件的制作及实用化已成为目前该可穿戴电致变色领域亟需解决的重要挑战之一。

6.5.7　电致变色超级电容器

电致变色超级电容器是集能量存储与电致变色于一体的双功能器件，可用于通过颜色的变化直接观察设备的储能状态。为制备高性能电致变色超级电容器，Shao等[1]通过电化学聚合制备了两种基于三苯胺的聚合物（pTPACB和pTTPACB），与pTPACB薄膜相比，纳米颗粒更小、薄膜表面更为松散的pTTPACB薄膜所制备的器件在765nm处的光学对比度可达68.8%且比电容较大，具有超过3000次的高循环稳定性。Ezhilmaran等[2]设计了一种纳米结构的透明锐钛矿$TiO_2/\alpha-MoO_3$双层电极，它具有宽晶格间距的主体，并在$TiO_2/\alpha-MoO_3$界面形成 II 型异质结。由于MoO_3的纳米结构、宽晶格间距和氧空位有利于Al^{3+}离子的有效嵌入/脱出，提供了较多的电活性位点，使薄膜具有优

① Shao M, Lv X, Zhou C, et al.A colorless to multicolored triphenylamine-based polymer for the visualization of high-performance electrochromic supercapacitor[J].Solar Energy Materials and Solar Cells, 2023, 251: 112134.

② Ezhilmaran B, Bhat S V.Rationally designed bilayer heterojunction electrode to realize multivalent ion intercalation in bifunctional devices: Efficient aqueous aluminum electrochromic supercapacitor with transparent nanostructured TiO_2/MoO_3[J].Chemical Engineering Journal, 2022, 446: 136924.

异的电化学性能。在2000次循环后，容量保持为91.6%，具有优异的循环稳定性。Mohanadas等[1]制备了氧化镍/氧化钒/还原氧化石墨烯（NiO/V$_2$O$_5$/rGO）三元复合材料，并作为非对称电致变色超级电容器的正极，组装了电致变色超级电容器。其中NiO和V$_2$O$_5$提供了大量的电活性位点，提高了导电性。在外加电压下，颜色由深绿色转变为橙色。所组装的电致变色超级电容器在4000次循环后，具有92.2%的电容保持率。Kim等[2]将WO$_3$嵌入纳米丝阵列（NFA），并组装了电致变色超级电容器。特殊的纳米丝阵列结构降低了电荷转移电阻并增大了电化学活性面积，从而提高了聚合物薄膜中的离子扩散速率。经过2000次循环后，电容保持率为92%。

6.5.8 电致变色传感器

传统的传感器在工作状态下输出信号，通过信号处理器将其转化为输出指令。随着科技的进步，传统的传感器已经难以满足柔韧性、灵敏度的要求，将颜色变化灵敏的电致变色材料与传感器结合，造就了新一代电致变色传感器。与传统传感器相比，电致变色传感器具有以下优点：由简单的电源供电，并且可以直接提供传感器性能的光学读数，从而节省能源并简化电化学仪器。

① Mohanadas D，Azman N H N，Sulaiman Y.A bifunctional asymmetric electrochromic supercapacitor with multicolor property based on nickel oxide/vanadium oxide/reduced graphene oxide[J].Journal of Energy Storage，2022，48：103954.

② Kim J，Inamdar A I，Jo Y，et al.Nanofilament array embedded tungsten oxide for highly efficient electrochromic supercapacitor electrodes[J].Journal of materials chemistry A，2020，8（27）：13459-13469.

Zohrevand等[1]研发了一种通过检测聚苯胺（PANI）薄膜表面质子灵敏度来检测食品的腐败状况，胺类化合物会影响PANI薄膜的电致变色过程的程度，从而影响pH值，以此原理来制备电致变色生物传感器。Xu等[2]设计了一种封闭式双电极的电致变色传感器，实现了葡萄糖、乳酸和尿酸的同时测定。双电池结构的分析池中包含氧化还原介质和特定的氧化酶，将目标分析物酶促转化为氧化还原活性分子，产生的电化学信号与显示池中MV^{2+}发生耦合，通过显示池中的颜色变化来监测分析池中目标分子是否存在。Yahaya等[3]采用L-B47法制备了四苯基卟啉钴（CoTPP）和四苯基卟啉锰（MnTPPCl）薄膜，两种电致变色薄膜对氯化物有较好的敏感度，从而制备出电致变色传感器来检测水中的氯离子。

① Zohrevand N，Madrakian T，Ghoorchian A，et al. Simple electrochromic sensor for the determination of amines based on the proton sensitivity of polyaniline film[J]. Electrochimica Acta，2022，427：140856.

② Xu W，Fu K，Bohn P W.Electrochromic sensor for multiplex detection of metabolites enabled by closed bipolar electrode coupling[J].ACS sensors，2017，2（7）：1020-1026.

③ Yahaya M B，Salleh M M，Yusoff N Y N.Electrochromic sensor using porphyrins thin films to detect chlorine[J].Device and Process Technologies for MEMS，Microelectronics，and Photonics Ⅲ，2004，5276：422-427.

第7章 有机多孔材料

　　多孔有机聚合物（Porous Organic Polymers，POPs）是由轻质元素（C、N、O和H）构成并通过强共价键连接的一类新型多孔材料。POPs材料可采用各种化学反应、构造单元和合成方法进行制备，在骨架和纳米孔的分子设计方面表现出高度的灵活性。本章主要对有机多孔材料的类型、合成与应用展开叙述与分析。

7.1　有机多孔材料简介

7.1.1　共价有机框架材料（COFs）

共价有机框架（COFs）是有机单元通过共价键连接形成的有机多孔高分子材料。COFs由轻元素H、B、C、N和O组成，它们通过坚固的共价键结合在一起结晶成高度有序的聚合物框架。对于需要金属离子的特定应用，可以通过配位键引入这些离子。与无定形有机聚合物不同，COFs具有长程有序的结构，这种结构特征导致具有大孔径的规则孔隙。因为COFs具有前所未有的高结晶度，孔径和结构可调性，大比表面积，独特的分子结构和多样化的功能，因此它们在气体吸附与分离、储能、化学传感、催化作用、电容器、电池和能量转换等领域引起了广泛的关注。

由于不同单体的拓扑结构不同，COFs可以分为二维（2D）COFs和三维（3D）COFs。

将COFs材料从实验室拓展到实际应用需要设计特定的结构，因此结晶COFs可以设计成这样一种方式，即在它们的骨架中扩展π共轭导致有用的发光特性，从而应用于荧光传感领域。与传统的小分子荧光化学传感器相比，COFs材料具有较高的化学稳定性，不溶于水和有机溶剂，便于分离、再生和重复使用。周期性结构允许引入特定靶点以增加特异性。此外，它们有大表面积可以与目标分析物相互作用，并且它们的电子和光物理性质是可调的。虽然小分子化学传感器也可以嵌入到各种基质中以增强其稳定性，但这些复合结构可能会面临小分子浸出问题。所有这些特性使得COFs成为一系列分析物的光学传感器，这些光学传感器可以基于不同的传感机制，包括吸收、共振和荧光。因为荧光检测明显比吸光度更灵敏，因此可以检测到较低浓度的分析物，因此荧光COFs材料被广泛应用于传感领域。

7.1.2 金属有机骨架材料（MOFs）

金属有机骨架材料是一种多孔材料，由金属离子或金属簇与有机配体通过配位组装形成，并具有规则的孔道结构。由于有机单体的存在和引入不同金属离子，可以设计多样性的金属有机骨架材料MOFs，这些材料拥有不同的结构和功能，使其在气体吸附和分离、催化、传感和磁性材料等领域得到了广泛的应用。

7.1.3 超交联型聚合物（HCPs）

超交联聚合物（HCPs）是一类重要的无定形有机材料。元素分析表明，C、H、O和N是HCPs结构中的主要元素。HCPs可以在温和的条件下通过Friedel–Crafts烷基化反应制备。由于其广泛的交联，合成的聚合物链不会坍塌成致密和无孔的状态，同时高度的交联性质赋予了其在有机聚合物中不常见的极高的热稳定性。研究发现，HCPs还有诸多独特的优势，如合成技术种类多、高比表面积、廉价的构筑材料、易实现的操作条件、化学稳定性和机械性能好等。得益于上述优势，HCPs已在气体捕获、选择性催化剂合成、智能传感器和水污染处理等不同重要领域得到优选和开发。

7.1.4 多孔芳香族骨架材料（PAFs）

多孔芳香族骨架材料（PAFs）是无定形的有机多孔聚合物，具有高表面积和优异的孔结构，单体拓扑结构和反应条件可以产生高的表面积。由于PAFs是刚性苯环通过共价键连接而成的，所以其具有出色的化学稳定性和热稳定性。在合成PAFs时可以后功能化将不同的官能团引入到骨架当中，得到不同结构和功能的PAFs。

多孔芳香骨架（PAFs）由碳-碳键连接的芳香族结构单元构成，具有刚性框架和高表面积。PAFs使用特定的刚性结构单元构成框架。PAFs的功能性既可以源自其结构单元，也可以通过后修饰来实现。强碳-碳键使PAFs在苛刻的化学处理下保持稳定，能通过化学处理实现功能化。

PAFs材料自身优异的特性使得它拓展到许多领域，例如，气体吸附、电化学、催化和环境分析等领域。

7.1.5　固有微孔聚合物（PIMs）

PIMs是通过不可逆缩合反应合成的具有刚性聚合物链无定形微孔聚合物。一般来说，PIMs由两部分组成：首先是拥有凹陷的结构单元，并将变形部位引入聚合物链；其次是连接基团，在聚合过程中将结构单元融合在一起，但一个单元不能相对于其相邻单元旋转。

PIMs与其他多孔聚合物有很大的不同。它们的孔是由聚合物链本身的灵活性造成的，而不是材料本身内部的连接键，因为它们放弃了柔性高分子单元来构建骨架结构，而是采用了扭曲刚硬的连接方式。所以导致了内部孔道无法有效地填充、控制以及增加孔隙体积，这也限制了PIMs材料的发展。但是PIMs材料具有一些独特的性质，一些PIMs材料在有机溶剂中的可溶性和PIMs的成膜特性，从而朝着多孔膜的发展，在工业领域的应用越来越广泛。

PIMs的一个主要的应用是液体的分离和纯化。PIMs的孔结构和分子性质决定了其在液体分离中的潜力，主要体现在以下三个方面：PIMs的孔径完全覆盖了纳滤（NF）和反渗透中所需的膜孔径范围，因此，它们可应用于涉及NF和反渗透膜的分离；可溶性PIM-1的孔径覆盖了待分离的常见目标化合物的尺寸，如水中的聚氯乙烯（PV）、乙醇、丁醇、苯和苯酚；PIMs的孔隙率和高比表面积使其具有与活性炭相似的吸附能力，可用于吸附-萃取分离。

7.1.6 共轭微孔聚合物（CMPs）

共轭微孔聚合物（CMPs）是一类非晶结构材料，由于其可调节性、扩展的 π 共轭结构和坚固的建筑结点，引起了越来越多科研人员的关注。CMPs材料通常由两个或多个不同单体之间反应或一些单体的均聚形成。单体的多样性和反应基团的多样性使CMPs具有不同的网络结构和分子功能。CMPs的反应单体包括具有 π 单元的芳烃、稠合芳香环、杂环单元苯乙炔衍生物和大环系统等，反应基团有碘代芳烃、芳香族硼酸、溴代芳烃、氰基取代芳烃、乙炔基取代芳烃、氨基取代芳烃和芳香醛等。通常通过设计一种简单而高效的合成路线来控制CMPs的结构，其中包括在分子水平上的改进控制，拓扑的建立，多孔结构的构建，带隙的调节以及结构尺寸的变化。CMPs已被广泛用作吸附剂、非均相催化剂、发光材料和光伏材料等，为解决环境和能源问题提供了很多优势：沿着聚合物主链延伸的 π–共轭结构提供了优异的物理化学稳定性、丰富的多孔结构和高比表面积；高度交联的聚合物结构提供了更大的孔隙空间以容纳载体，并提供了大的接触表面积以缩短离子扩散距离，确保了高电化学活性和快速动力学；高度交联的聚合物结构可以有效抑制活性材料在有机电解质中的溶解，并提高循环稳定。

7.1.7 超分子大环衍生的多孔有机聚合物

在众多的超分子主体中，大环化合物（macrocycles）由于具有特殊的环状分子结构和高效的分子识别位点，对超分子化学具有重要的研究意义。大环的结构多样性和主客体化学是众所周知的，它们新的衍生物也正在不断地被研究和报道，以提高大环分子的识别性能，在超分子化学中展现出新的机会。典型的大环化合物包括冠醚（CrownEther）、环糊精（Cyclodextrin）、杯芳烃（Calixarene）、葫芦脲（Cucurbituril）和柱芳烃（Pillararene），这些大环化合物具有独特的空腔，可以与不同的无机分子、有机分子、离子选择性络合形成特定的超分子结构。将大环作为超分子主体引入到多孔有机聚合物中，有助于形成含固有孔和交联孔的多级孔道结构，在各个应用领域大放异彩。

7.1.7.1　基于冠醚的多孔有机聚合物

冠醚作为被发现的大环宿主分子，其有富氧的结合位点及可调节的空腔结构，可与碱金属、碱土金属及有机阳离子形成稳定的络合物。将冠醚作为POPs的构筑单元时，通常可以利用冠醚侧链的柔性官能团与合适的刚性结构连接单元形成拓扑设计。

7.1.7.2　基于环糊精的多孔有机聚合物

环糊精是一类锥形环状低聚糖，通常由天然材料（如玉米、小麦、马铃薯等）经酶降解获得。环糊精主要有3种天然结构类型，即 α–环糊精、β–环糊精、γ–环糊精，它们分别含有6个、7个、8个重复的葡萄糖醛酸单元，由 α–1,4糖苷键连接而成。环糊精的亲水性外表使其易溶于水溶液中，而空腔内由于受到C–H键的屏蔽作用形成疏水区，可容纳金属离子、金属氧化物或有机小分子，在手性分离、重金属或有机污染物的吸附、分离及药物递送方面得到广泛应用。特别是位于环糊精2，3，6位的羟基官能团易被选择性地功能化，可作为螯合或亲核位点，使其更易于引入到POPs的拓扑结构中。传统的环糊精聚合物是将环糊精通过环氧氯丙烷或者其他的小分子交联剂进行交联，利用这种方式制备的聚合物除了环糊精固有的空腔外，几乎没有拓扑结构孔隙，其比表面积较低（<100m²/g），热稳定性较差，严重限制了材料的吸附性能和萃取效率。因此，一些新型的交联剂和合成策略相继被探索与开发，以提高CD–POPs的孔隙率和比表面积。目前，基于Friedel–Crafts烷基化反应和亲核芳香取代反应的合成方法可以有效地解决这一难题。

7.1.7.3 基于杯芳烃的多孔有机聚合物

杯芳烃是一类由亚甲基桥连苯酚单元所构成的大环结构化合物，因其具有大小可调节的疏水空腔，且疏水空腔被易改变的极性和非极性环包围，可作为超分子化学中不同类型客体分子的强大受体。与冠醚、环糊精相比，杯芳烃是一类更具有广泛适用性的大环结构分子，被称为继冠醚和环糊精之后的第三代主体化合物。尤其是杯[4]芳烃衍生物，可以形成锥形、部分锥形、1，2-交替和1，3交替构象，且其结构中的极性苯酚单元、非极性芳香环及亚甲基桥连键等易被修饰为多功能的超分子衍生物。此外，杯芳烃的刚性结构有利于通过共价键的形式将其引入POPs中，为CA–POPs的设计与制备提供结构基础。

7.1.7.4 基于柱芳烃的多孔有机聚合物

柱芳烃的空间构型呈柱状，主体结构单元由对苯二酚及其衍生物构成，苯环之间通过亚甲基连接。其主体结构单元对苯二酚的端基酚羟基通常被取代基所取代，甲氧基是最常见的形式。柱芳烃的命名中的[n]是指结构单元的数量，目前是以n=5和n=6为主。与杯芳烃类似，柱芳烃疏水、多苯环的内腔也适合作为主体，与包括中性分子、金属离子等在内的客体形成主客体络合物，所以也非常适合作为合成POPs吸附剂的骨架单体。柱芳烃的发展历史要远远短于杯芳烃，所以目前柱芳烃的发展正处于上升期，各种新型结构的柱芳烃层出不穷，以其为骨架单体的POPs的应用范围也逐渐从吸附扩展到催化、荧光、刺激相应材料等领域。

7.2 有机多孔材料的合成

7.2.1 共价有机框架材料（COFs）的合成

7.2.1.1 溶剂热法

溶剂热法是合成COFs的常用方法之一。该方法是将有机单体和溶剂封闭在充满惰性气体的密封容器中，选择合适的压力和温度进行长时间反应。

反应完全得到的沉淀物用有机溶剂洗涤和干燥后，得到COFs的固体粉末。然而，使用溶剂热法合成COFs时，反应条件苛刻（反应时间长，120℃高温加热等），会影响其大规模生产。此外，单体在溶剂中的溶解度也限制了COFs的合成，而且溶剂的成本也是生产COFs的另一个挑战。尽管如此，溶剂热法也被认为是生产COFs的一种不错的策略。

7.2.1.2 微波合成法

对溶剂热法进行改进和创新可以降低时间和费用成本。长期以来，人们一直使用微波加热来合成有机化合物，以缩短反应时间，降低反应成本和获得高的产率。微波辅助溶剂热法可以大大缩短COFs的合成时间，并且获得良好的结晶度和产率，为进一步大规模应用提供了新的可能性。

7.2.1.3 离子热合成法

在离子热合成中，离子液体起到了合成晶体固体的溶剂和结构导向剂或潜在模板的作用。由于离子液体被认为是安全、绿色的反应介质，并且对有机化合物具有良好的溶解性等特点，因此通过离子热合成法合成COFs晶体受到了极大的关注。在已报道的文献里，2DCOFs的合成数量远远大于

3DCOFs。其中3DCOFs的构建目前来说仍是一个挑战。

7.2.1.4 机械化学合成法

机械化学法合成COFs是一种简单而有吸引力的合成方法。因为在该方法中，只需要通过研磨来实现COFs的合成，而不需要高温、高压、长时间反应等苛刻的反应条件。然而，研磨法合成材料最大的问题是其孔隙率和结晶度较差，这阻碍了它们的实际应用。

7.2.1.5 光化学合成法

在材料合成过程中，新路线的设计和开发具有强大的吸引力。光化学方法是在短时间内构建COFs的一种新的合成途径。研究表明，通过光化学合成制备COF-5，晶体生长速度大约是溶剂热法的48倍。与传统的水热法相比，光化学方法有助于在短时间内生成独特的形貌COFs。

除了极少数的例子外，COFs的合成需要苛刻的实验条件。化学研究人员努力使用先进的合成方法来避免使用严格的反应条件。然而，合成COFs的挑战依旧存在。研究人员应探索更活跃、更简便的合成路线，以在短时间内生产高结晶度的COFs。

7.2.1.6 界面合成法

界面合成法（Interfacial Synthesis）是一种新颖的有效制备COFs薄膜材料的方法，它可以有效地控制波密的厚度。采用界面合成法合成的氨基功能化的2D结构的COF（COFTTA-DHTA）具有高结晶度、规则的孔隙结构和较高的化学稳定性，且其电化学性能得到改善。在室温下采用气液界面合成方法合成的COF膜结构材料为三嗪结构连接的COF层与事先预组装的羟基功能化的结构相结合，获得了界面亚纳米孔分布较窄的超薄异质结构COF膜，是具有界面分子筛能力的超薄异质结构。

7.2.1.7　后合成修饰法

后合成修饰法是制备COFs的重要手段。由功能化前体直接合成COFs常会面临合成难度大、功能基团不兼容及结构确定困难等难题，后合成修饰法，即先构筑结构确定的COFs，再通过适当方式将功能基团引入框架中，为其功能化构筑提供了一种迂回方案。COFs可以通过共价后修饰进行功能化，还可利用骨架中的功能位点与金属离子发生配位作用实现功能化。Liao等[1]首先基于2，5-二溴对苯二醛（DBTA）和2，4，6-三（4-氨基苯基）-1，3，5-三嗪（TAPT）或TAPB反应合成了两种含溴COFs材料（BrCOF-1和BrCOF-2）。这两种含溴COFs材料不仅具有高结晶度，较大的比表面积和孔径，有利于催化剂扩散进入孔道内部进行修饰，而且其孔道内均匀排列着丰富的溴原子，为Suzuki-Miyaura反应提供了大量的修饰位点。接着作者使用4-（甲硫基）苯硼酸等一系列硼酸分子通过Suzuki-Miyaura反应对这两种含溴COFs材料进行后合成修饰，测试这些COFs材料均有较高的官能团修饰率（23%~78%）。研究发现，BrCOF-2-CF3对SF6N2（10：90）的选择性为BrCOF-2的6.8倍。Gui等[2]成功合成了系列具有高结晶性的炔基3DCOFs，这些炔烃标记的3DCOFs为通过点击反应将各种特定基团定向锚定到孔壁上提供了平台。进一步利用点击化学对炔基3DCOFs进行了后修饰研究，结果表明，可在COFs孔道内高效引入不同功能基团，实现对CO_2和N_2的选择性吸附调控。

---

[1] Liao Q，Ke C，Huang X，et al. A Versatile Method for Functionalization of Covalent Organic Frameworks via Suzuki－Miyaura Cross-Coupling[J].Angewandte Chemie，2021，133（3）：1431－1436.

[2] Gui B，Liu X，Cheng Y，et al.Tailoring the Pore Surface of 3D Covalent Organic Frameworks via Post-Synthetic Click Chemistry[J].Angewandte Chemie，2022，134（2）：e202113852.

7.2.2　金属有机骨架材料（MOFs）的合成

7.2.2.1　废料合成MOF

MOF材料的制备过程其实就是有机组分和无机组分的自组装过程，允许合成原料中含有杂质，因而采用工业生产中的废料制备MOF材料被认为是可行的。制备MOF材料常用的有机连接子对苯二酸可以从聚对苯二甲酸乙二醇酯（PET）的分解中得到。

7.2.2.2　无溶剂合成MOF

除了使用废料合成MOF，由于无溶剂合成MOF不会产生大量有机溶剂废液，因此也备受青睐。无溶剂合成主要采用机械合成的方式，通过研磨球磨螺杆挤出等方式合成MOF材料。从减少MOF合成过程的能耗着手，也能实现MOF的绿色合成，典型的就是无需加热的室温合成。金属多氮唑框架材料作为由中国科学家首先发明和报道的一种MOF材料，一直受到吸附分离和催化等应用研究的青睐。

7.2.2.3　微波合成MOF

对于一些特定结构的MOF材料，需要在加热条件下才能得到，难以在常温下合成。微波辅助合成能加快反应速率，有效减少能耗。采用该方法仅需25s，就能完成经典MOF材料MOFG5的合速率，还有利于获得晶粒尺寸的MOF样品。

7.2.2.4　连续合成MOF

一般做法是将原料试剂溶液用泵连续注入管式反应器，在反应器出口将产品分离。目前还可以对管式反应器进行加热、冷却、振荡、光照、超声、微波辐射等操作加速反应。Bagi等[①]在实验室利用连续流管式反应器实现了锆基MOF材料MOFG808的连续制备，反应底物在管式反应器中停留5min就能完成反应，空时产率达到95155kg/（$m^3 \cdot$day），成本仅为3美元/g。

7.2.2.5 宏量合成MOF

要推广MOF材料的潜在应用和商业化，需要在上述绿色合成技术上进一步实现高效规模化（公斤级或更高级别）生产。放大生产中常面临结晶难题和安全风险，因此将实验室合成MOF材料进行放大生产仍然具有挑战性，目前商用的市售MOF材料只有16种。

7.2.3 超交联型聚合物（HCPs）的合成

超交联聚合物的合成通常是傅-克烷基化反应（Friedel–Crafts Alkylation）。由于其高度的交联性，所以HCPS材料有高的比表面积、极好的稳定性和优异的孔结构。超交联型聚合物可通过以下三种方法合成：采用"后交联法"合成含官能团的聚合物单体；采用"一步法"使功能单体自身缩聚；使用外交联剂合成刚性芳香族有机单体。超交联型聚合物的反应是在溶剂中进行的，还要加入外交联剂使刚性的苯环和单体紧密地交联，这就需要选择的溶剂不能与单体产生反应，从而确保有机单体能够缓慢的进行交联。还需要注意的是所选择的超交联剂不能与溶剂反应，以免影响有机单体的紧密交联。从而确保合成的HCPs材料具有高比表面积和优异的孔结构。

---

① Bagi S，Yuan S，Rojas–Buzo S，et al.A continuous flow chemistry approach for the ultrafast and low-cost synthesis of MOF–808[J].Green Chemistry，2021，23（24）：9982–9991.

7.2.3.1 交联剂后交联法

最典型的是Davankov首次报道的超交联聚苯乙烯，也被称为"Davankov型树脂"，这些均相网络含有高交联度（>40%，通过Friedel-Crafts型交联合成）。直接将线性或轻度交联的前体在合适的溶剂（一般为1，2-二氯乙烷）中搅拌至溶胀，然后加入Lewis酸催化剂和或外部交联剂以产生交联，并将聚合物链锁定在溶胀状态。在真空中去除溶剂后，余下的空间形成微孔并构成微孔超交联聚苯乙烯网络，该网络具有高度刚性和扩展性，通常显示出600~2000m²/g的高比表面积。

Ahn等[1]比较了FeCl₃、AlCl₃和SnCl₃作为催化剂的活性，研究发现，FeCl₃是最有效的催化剂。所得超交联聚苯乙烯仅在开始交联反应的15min内就产生了广泛的微孔，产生了约1200m²/g的表面积，18h后稳定上升到接近2000m²/g。Germain等[2]使用聚苯胺与二碘烷烃或多聚甲醛交联合成了超交联聚苯胺。该研究发现由更长、更柔性的交联剂制备的聚苯胺具有较低的表面积。当溶剂从网络中去除时，这些长交联剂的刚性不足以维持孔结构。因此，交联剂的刚性对于在聚合物中实现高表面积至关重要。

7.2.3.2 功能小分子一步缩聚

除此之外，利用功能化有机小分子进行缩聚也能制备出具有与上述超交联聚苯乙烯网络相似性质的刚性、开放交联网络。大部分含氯甲基的交联剂可以通过Friedel-Crafts反应直接缩合形成HCPs。2002年，Tsyurupa和

① Ahn J H, Jang J E, Oh C G, et al.Rapid generation and control of microporosity, bimodal pore size distribution, and surface area in Davankov-type hyper-cross-linked resins[J].Macromolecules, 2006, 39（2）: 627-632.

② Germain J, Fréchet J M J, Svec F.Hypercrosslinked polyanilines with nanoporous structure and high surface area: potential adsorbents for hydrogen storage[J].Journal of Materials Chemistry, 2007, 17（47）: 4989-4997.

Davankov[①]首次报道了在SnCl₄存在下二氯对二甲苯（p-DCX）的缩聚反应。Wood等[②]发现，使用这种方法合成HCPs的双（氯甲基）芳香族单体众多，如二氯邻二甲苯（o-DCX）、二氯间二甲苯（m-DCX）、4，4-二氯二甲基联苯（BCMBP）和二氯二甲基蒽（BCMA）等进行均缩聚或共聚可得到一系列高比表面积（1904m²/g）的HCPs。并且还发现共聚单体的比例可调节比表面积大小。

多数情况下，缩聚反应需要单体具备特定的官能团才能发生偶联。然而，Scholl反应无需设计和合成单体就可制备超交联聚合物网络。在Lewis酸或质子酸的催化下，含苯基的单体之间相互交联形成多孔、高度共轭的网络结构。据Wang等[③]报道，通过Scholl反应制备的基于多面体低聚硅氧烷（POSS）的HCPs网络可以抵抗相对强的酸性条件。Scholl反应过程中的空间效应降低了超交联的程度，因此可以释放结构应力以保持结构的完整性，最终HCPs的比表面积为472m²/g。

7.2.3.3 外交联剂编织法

随着对HCPs研究的逐渐深入，Tan等[④]使用了一种新方法"外交联剂编织法"合成超交联聚合物。在Lewis酸FeCl₃的催化下，二甲氧基甲烷（DMM）作为外部交联剂将含有芳香环的小有机分子通过亚甲基键在Friedel-Crafts反应下进行交联。所得网络显示出高的热稳定性（>400℃）和

---

① Tsyurupa M P, Davankov V A.Hypercrosslinked polymers: basic principle of preparing the new class of polymeric materials[J].Reactive and Functional Polymers, 2002, 53（2-3）: 193-203.

② Wood C D, Tan B, Trewin A, et al.Hydrogen storage in microporous hypercrosslinked organic polymer networks[J].Chemistry of materials, 2007, 19（8）: 2034-2048.

③ Chaikittisilp W, Kubo M, Moteki T, et al.Porous siloxane - organic hybrid with ultrahigh surface area through simultaneous polymerization - destruction of functionalized cubic siloxane cages[J].Journal of the American Chemical Society, 2011, 133（35）: 13832-13835.

④ Li B, Gong R, Wang W, et al.A new strategy to microporous polymers: knitting rigid aromatic building blocks by external cross-linker[J].Macromolecules, 2011, 44（8）: 2410-2414.

微孔结构。此外，通过改变芳香单体和交联剂的比例，可以控制比表面积、孔结构等性质。当使用苯和DMM的比例为1∶3时（假设每个苯环有三个反应位点），苯和DMM网络的最高比表面积为1391m²/g。据报道，含有苯基的不同结构的单体也可通过外交联剂编织策略制备超交联网络，如萘、蒽、菲、联苯、1，3，5-三苯、四苯基甲烷和三联烯等。值得注意的是，在使用"编织"策略的所有超交联网络中，由三维（3D）单体四苯基甲烷和三联烯制备的网络显示出最高的比表面积（分别为1470m²/g和1426m²/g）。而对于交联剂除DMM外，1，4-二甲氧基苯和二溴对二甲苯均可作为外交联剂，以FeCl₃为催化剂通过Friedel-Crafts反应进行"编织"。在之后的研究中，Tan等使用了一种含有苯环的外交联剂（1，4-二甲氧基苯，DMB）来代替亚甲基类交联剂。在超交联反应中，DMB作为与其他苯衍生物连接的桥梁，在芳烃之间引入苯环，从而形成了一种新型超交联共轭微孔聚合物（HCCMP）。扩展的π-共轭结构和π-π堆叠芳环的三维网络使这些HCCMP具有高导电性。

相对于上述另外两种方法而言，外交联剂"编织"策略有明显的优势：这种构建聚合物网络的"编织"策略不需要单体单元具有特定官能团，并且可以从多种材料中获取；合成条件简单温和，原料廉价，有望实现规模化生产；所得超交联网络具有较高的比表面积和丰富的孔结构；通过改变单体或交联剂，可以实现超交联聚合物不同骨架和孔隙结构的灵活调节。

7.2.4 多孔芳香族骨架材料（PAFs）的合成

目前合成PAFs的反应类型已经由最初的Yamamoto型Ullmann反应发展为多种多样的反应。许多高比表面积的PAFs大多是通过Yamamoto型Ullmann反应得到的，可能是因为该反应的反应活性高，可以使所有的反应位点都发生反应，减少缺陷。Sonogashira-Hagihara偶联反应也是构造PAFs的一个十分重要的反应，可以有效地连接芳基卤素与芳基炔，丰富了单体的种类。Suzuki交叉偶联反应通过钯基催化芳基卤素和芳基硼酸进行反应。氧化Eglinton偶联反应可以通过醋酸铜催化芳基炔自聚偶联。Friedel-Crafts烷基化反应和Scholl反应可以通过廉价的路易斯酸（AlCl₃/FeCl₃）催化剂合成PAFs。下面重点介绍PAFs合成中经常使用的几种反应类型。

7.2.4.1 Yamamoto型Ullmann反应

Ni（0）催化的Yamamoto型Ullmann反应是PAFs合成中最常见的反应。反应类型为卤代芳烃自耦联，在Ni（0）作用下脱卤素，形成具有活性位点的裸露的苯环，然后苯环与苯环相互偶联形成多孔材料。该种反应的催化剂用量一般是卤素的1.5倍当量，大量的催化剂可以将卤素同时拔掉，形成NiX_2，最终通过溶液完全洗掉。一般溴代或者碘代芳烃的活性更高。具有多个活性位点的结构单元同时被活化，同步反应构建多孔聚合物框架。其反应特点是反应活性高，可以使单体完全脱卤，合成的PAFs比表面积较高。目前合成的PAFs比表面积在4000m²/g以上的基本都是通过Yamamoto型Ullmann反应得到的，例如PAF-163，PAF-100，PAF-101等。但该类反应条件十分苛刻，需要严格无水无氧条件，并且催化剂价格十分昂贵。

7.2.4.2 Sonogashira-Hagihara偶联反应

Sonogashira-Hagihara偶联反应是Pd（0）和CuI共同催化卤代芳烃与炔基芳烃进行的反应。钯作为一种贵金属，在大量存在的条件下容易被氧化失活或者团聚，因此该反应中钯催化剂通常以低剂量参与反应。同时Pd（0）容易团聚形成钯黑，包裹在多孔材料的孔洞中，因此最终合成的多孔材料比表面积相对较低。目前已知的通过Sonogashira-Hagihara偶联反应合成的PAFs比表面积大多不超过2000m²/g，例如PAF-26、PAF-33、PAF-79、PAF-80。该偶联反应的反应条件需要严格无水无氧，催化剂价格比较昂贵。

7.2.4.3 Suzuki交叉偶联反应

以贵金属钯基催化剂催化芳香硼酸和芳香卤化物的Suzuki交叉偶联反应

同样是PAFs合成上的一个十分重要的反应，其将单体范围进一步扩展到了硼酸基单体和卤素芳香单体。反应需要严格无水无氧条件。

7.2.4.4 Friedel-Crafts烷基化反应Scholl反应

大规模生产PAFs希望降低其合成成本，而Yamamoto型Ullmann反应和Sonogashira-Hagihara偶联反应是由昂贵且对空气敏感的有机金属化合物催化的反应，这无疑限制了PAFs的大规模生产和实际应用，因此路易斯酸（$AlCl_3/FeCl_3$）催化的Friedel-Crafts烷基化反应和Scholl反应引起了人们的注意，该反应类型可以在较温和的条件下合成PAFs，例如PAF-56、PAF-32、PAF-45等。

7.2.4.5 其他反应类型

目前Mizoroki-Heck偶联反应、氧化Eglinton偶联、碱基介导偶氮生成反应、亚胺化反应、亲核取代反应、氰基环三聚化反应和哌啶亲核取代等反应都可以作为反应类型形成PAFs。这些反应丰富了单体种类，同时使形成的材料结构更多样。

7.2.5 固有微孔聚合物（PIMs）的合成

PIMs中刚性及扭曲的高分子链结构无法自由旋转，阻止了分子链发生缠绕和堆叠，从而形成内部连续贯通的自由体积（微孔）。根据在聚合反应中生成连接基团反应原理的区别，PIMs可分为梯形PIMs和半梯形PIMs。梯形PIMs包括：芳香族双亲核取代反应（Nucleophilic Aromatic Substitution reaction，SNAr）合成的二苯并二噁英基PIMs（如PIM-1）；芳香族亲电取代反应合成的TB-PIM（Tröger'sbase-PIM）；由芳基溴和降冰片烯在Pd催化下的芳烃环化反应（Catalytic Arene-Norbornene Annulation，CANAL）合成的苯并环丁烯基PIMs（CANAL-PIM）；由羰基化合物和双酚在超酸催化下的傅氏反应（Superacid Catalyzed Friedel-crafts Reaction，SACFC）合成的氧杂蒽基PIMs（PIM-X）。半梯形PIMs包括：由二胺和二酐间亚胺化反应合成的聚酰亚胺（polyimide，PI）基PIMs（PIM-PI）；由热重组（Thermally Rearranged，TR）反应合成的TR-PIM。

其他梯形PIMs还包括CANAL-PIM和PIM-X。以芳基溴和降冰片烯为原料，在Pd催化的条件下，通过CA-NAL反应将芳基溴和降冰片烯熔合成具有独特四元环的刚性梯形PIMs，生成的苯并环丁烯结构限制了聚合物链的有效堆积，从而产生大量孔隙。第一个CA-NAL-PIM的SABET为620m^2/g，平均孔径为0.2~0.5nm，可通过二甲基芴基团增加其刚性。含吸电子取代基的羰基化合物和双酚之间通过SACFC反应可合成含氧杂蒽单元的芳香聚合物，低旋转自由度的主链使聚合物产生丰富的孔隙。代表性的PIM-X为聚氧杂蒽-双酚（Polyxanthene-Bisphenol，PX-BP），SABET为389m^2/g，平均孔径为0.4~0.8nm，可通过磺化增加其亲水性。

当分子链不完全由熔合环大分子链组成，还包括少数单键时，形成的PIMs称为半梯形PIMs。PI是一种具有高热稳定性的聚合物，可通过二酐和二胺官能团之间的亚胺化反应合成。而当刚性、具有扭曲位点的结构单元（如SBI、SBF等）被引入二酐或二胺单体中时，可制备至少具有一个扭曲位点、高刚性和大量孔隙的PIM-PI类聚合物。向二胺芳香单体中引入与胺基相邻的大体积取代基（如Trip），可限制C-N单键的旋转并产生微孔隙，得到SABET为320m^2/g、孔径为0.6~0.9nm的4，4′-六氟异丙二苯二酸酐-2，6-二氨基三苯并烯（4，4′-hexafluoroisopropylidene diphthalic anhydride-2，6-diaminotriptycene，6FDA-DAT1）。通过TR反应可产生主链具有大量杂环的TR-PIM。刚性杂环可阻止链转动，阻碍聚合物链堆积。TR460是典型的TR-PIM，其SABET为680m^2/g，平均孔径为~0.8nm，可通过将PIM-PI前体在氮气中460℃下加热15min合成。

7.2.6　共轭微孔聚合物（CMPs）的合成

为了构建出共轭骨架，用于合成的反应必须使结构单元之间以 π–共轭方式进行连接，现阶段主要的CMPs合成方法有Suzuki偶联反应、Sonogashira偶联反应、Yamamoto偶联反应、Heck反应、席夫碱反应、Buchwald–Hartwing偶联反应等。

Buchwald–Hartwing偶联反应通过在无水无氧的环境下，使用钯作为催化剂，加入强碱，将卤代芳烃和芳香胺偶联，得到具有稳定的碳氮键的富氮共轭微孔聚合物。

Sonogashira偶联反应通过将钯和铜作为催化剂，使得端炔基和卤代芳烃发生偶联。在首次合成CMPs的报道中，反应通过使用四（三苯基膦）钯和碘化铜催化，在胺碱的作用下，将芳卤与含炔单体连接，使用N，N–二甲基甲酰胺作为溶剂可获得具有高比表面积和宽孔隙范围的CMPs。

虽然理论上采用不同的合成方法或者单体种类也可获得具有相同拓扑结构的CMPs，但由于合成的不可逆性，在多孔骨架的形成过程中可能会出现结果缺陷等问题，使得CMPs出现不同的多孔特征，因此，选择合适的合成方法和构筑砌块组装方式是得到高比表面积的CMPs的重要条件。

CMPs由于其特殊的 π–共轭骨架结构，可以在材料合成后对其骨架进行后修饰，以实现CMPs的功能化与性能改良，满足各类需求。例如，为了得到具有可溶性的CMPs，有研究者利用两步Suzuki偶联反应，将拥有较大体积的有机单元引入到CMPs的边缘，使得得到的CMPs具有可溶性；为了提高CMPs在低压区的CO_2吸附能力，Jens Weber等在CMP-1的基础上对其进行Thiol–yne功能化，将其骨架上的炔键进行了Thiol–yne化学修饰；为了得到具有优异光催化性能的BODIPY基CMPs材料，有研究者采用后修饰合成的方法，将原有母体上的醛基进行了化学修饰，得到了BODIPY功能基团。

但仍需关注的是，在CMPs材料的合成中，后修饰法虽然可以对CMPs的性能进行改善，得到满足我们需求的材料，但同时也面临着所得材料比表面积降低、孔体积降低和修饰效率低等问题，所以，为了消除或减少这类问题所带来的影响，优秀合适的后修饰合成方法才能真正满足其作为功能性材料的要求。

7.2.7 超分子大环衍生的多孔有机聚合物的合成

7.2.7.1 冠醚类多孔有机聚合物（CE-POPs）的合成

2021年报道了一种冠醚类多孔有机聚合物（CE-POPs）的制备方法，首先将22-冠-6进行衍生化，借助其衍生物侧链的醛基官能团分别与2′2-（1，4-苯基）二乙腈（PDAN）及4，4′-联苯二乙腈（BPDAN）通过Knoevenage缩合制备得到二维层状四方结构的手性多孔有机聚合物（CCOFs）材料。值得强调的是，该CCOFs表现出优异的化学稳定性，在强酸（6mol/L盐酸）和强碱（14mol/L氢氧化钠）中浸泡一周仍可保持良好的结晶度。

上述CE-POPs的合成是以功能化冠醚构筑单元为主链引入拓扑结构中的。除此之外，冠醚构筑单元还可以以侧链的方式引入POPs的构筑中。如利用3，6-二醛基-邻苯二酚为原料制备得到具有环冠醚侧链结构的醛基配体，然后将其与1，3，5-三羧基肼通过亚胺缩合反应制备得到一系列半刚性冠醚侧链的共价有机框架材料（COFs）。将环冠醚侧链修饰在COFs空腔内壁，半刚性冠醚侧链会随着晶体结构堆叠而紧密重叠，有效限制了主链围绕腙键分子的内旋转，降低了腙键连接单元的构象自由度。然而，由于冠醚侧链在COFs空腔内部占据一定的体积，导致这一系列半刚性冠醚侧链COFs的比表面积偏低。

目前，CE-POPs材料的相关报道较少，其合成主要是利用功能化冠醚表面的醛基与氨基或氰基配体通过缩合反应合成。制备得到的CE-POPs具有良好的化学稳定性，同时兼具冠醚分子的主客体识别性能。然而，目前合成高结晶性CE-POPs仍然具有一定的挑战，这主要是因为在结晶过程中冠醚构象的灵活性所致。

7.2.7.2 环糊精类多孔有机聚合物（CD-POPs）的合成

基于Friedel-Crafts烷基化反应制备CD-POPs的主要方式是合成完全苄

基化的β-环糊精（BnCD），以甲醛二甲基缩醛（FDA）为交联剂、氯化铁为Lewis酸催化剂进行超交联，得到CD-POPs（BnCD-HCPP）。与环氧氯丙烷反应制备得到的环糊精聚合物相比，BnCD-HCPP具有优异的比表面积（1225m²/g），这主要归因于刚性和扭曲苯环之间的填充作用及β-环糊精固有的空腔。此外，基于BnCD-HCPP良好的稳定性，将其成功应用于芳香族污染物的吸附，并展现出良好的吸附性能。

除了上述介绍的Friedel-Crafts烷基化反应，以刚性氟化芳香类化合物为交联剂的芳香族亲核取代反应（SNAr）也是制备CD-POPs的重要方法。该方法利用β-环糊精表面的羟基与刚性芳香族四氟对苯二甲酸（TFN）进行SNAr反应制备得到CD-POPs（TFN-CDP）。重要的是，基于β-环糊精的主客体识别效应和TFN-CDP的介孔累积效应，该材料在各种有机污染物的吸附方面表现出优异的性能，吸附速率约是活性炭和无孔β-环糊精聚合物的15~200倍，且其具有良好的重复使用性。除β-环糊精外，α-环糊精也具有相似的功能与性质，且其具有更好的亲和力。

用环糊精作为POPs构筑单元的合成策略还有很多，如酯交联、酰亚胺交联、异丁酸脂交联等方式。总之，将环糊精引入POPs中，可使CD-POPs兼具环糊精主客体识别与POPs拓扑结构的协同功效；通过选取不同的构筑单元与合成策略，可实现不同结构与性能CD-POPs的设计与调控，相关的制备方法已发展得较为成熟。

7.2.7.3 杯芳烃类多孔有机聚合物（CA-POPs）的合成

传统的杯芳烃是作为侧链结构被引入到聚合物中的。如以四溴杯[4]芳烃与1,4-二乙基苯为构筑单元，通过Sonogashira-Hagihara交叉耦合反应制备得到CA-POPs（CaIP）。利用该方式制备得到的CA-POPs中引入富π电子的炔基官能团，可增强聚合物骨架结构的刚性和共轭性，同时赋予材料高比表面积（596m²/g）和较大的孔体积（0.73cm³/g）。

除Sonogashira-Hagihara交叉耦合反应外，重氮偶联反应和亲核芳香取代反应也是合成CA-POPs的重要途径。如以杯[4]芳烃的硝基衍生物（*p*TNC4A）与两种不同的紫罗兰二胺为原料，通过重氮耦合反应合成两种具有氧化还原性的CA-POPs。虽然COP1^{++}和COP2^{++}属于非晶型结构，其比表面积较小（分别为17.9m^2/g和51.8m^2/g），但将其用于水中偶氮染料的吸附时吸附效率可接近100%。

有文献报道了4种CA-POPs（CalCOP），其主要是通过具有不同烷基链的氨基杯[4]芳烃和三嗪衍生物之间的亲核芳香取代反应制备得到。BET表征发现CalCOP材料的比表面积随着烷基链长度从乙基到丁基的增加而降低，这可能是由于聚合过程中杯芳烃的构象发生了变化。还有文献报道了一种基于1-溴甲基-4-羟基杯[4]芳烃和三（4-咪唑基苯基）胺的新型阳离子CA-POPs，该聚合物也是通过类似的亲核芳香取代反应合成的。

7.2.7.4　柱芳烃多孔有机聚合物（PA-POPs）的合成

柱芳烃作为第5代大环化合物主体，不仅合成简单、易于官能化、具有富电的空腔，利于和阳离子染料相互作用，而且将柱芳烃作为关键构筑单元引入多孔聚合物中有助于形成含固有孔和交联孔的多级孔道结构，达到不同的吸附效果。因此，构筑含柱芳烃基元的POPs已成为当前的热点研究领域。

Sonogashira-Hagihara 交叉偶联反应也被用于制备基于柱芳烃的PA-POPs，其主要是利用功能化的柱芳烃三氟甲烷磺酸酯基全取代柱[5]芳烃与1,4-二乙炔苯（CMP）通过Sonogashira偶联反应制备多孔有机聚合物P5-CMPs。[①]另外，通过三氟酸酐选择性修饰柱[5]芳烃环上一个二烯氧基苯对位的羟基，然后进一步将其与具有聚集诱导发射（AIE）效应的 1,1,2,2-四（4-乙炔基苯基）乙烷（TPE）连接，通过 Sonogashira-Hagihara 交叉偶联反

---

① Talapaneni S N，Kim D，Barin G，et al.Pillar [5] arene based conjugated microporous polymers for propane/methane separation through host-guest complexation[J].Chemistry of Materials，2016，28（12）：4460-4466.

应也得到 P5-TPE-CMP。[①]另有课题组[②]通过Sonogashira-Hagihara 交叉偶联反应，以全三氟功能化的柱[6]芳烃（LT6-OTF）以及联苯延伸的柱[6]芳烃（BpP6-OTF）为原料，合成了四种能够可逆捕集碘和有效分离二氧化碳的CMPs（CMPs-n，n=1-4）。

另有文献[③]报道将羧基功能化的柱[5]芳烃和苯二胺（PPD）交联得到三维网状聚合物P5-P，并将其用于去除水中微量有机污染物荧光素钠和甲基橙，吸附速率和吸附量远大于常规活性炭。还有文献[④]报道以含酚羟基柱[n]芳烃（n=5,6）与四氟对苯二甲腈通过芳环取代反应成功制备出基于柱[n]芳烃的多孔聚合物（PA-POPs），并将其作为吸附剂，利用主客体相互作用高效快速地吸附多种污染物，尤其对百草枯的吸附速率高于现有吸附速率的5倍。通过二酰肼官能化柱[5]芳烃与 1,3,5-三甲酰基苯在环境条件下的缩合反应，也可以合成得到腙连接的共轭大环聚合物 P5-TFB-CMP。[⑤]

① Li X, Li Z, Yang Y W.Tetraphenylethylene-interweaving conjugated macrocycle polymer materials as two-photon fluorescence sensors for metal ions and organic molecules[J].Advanced Materials, 2018, 30（20）: 1800177.

② Dai D, Yang J, Zou Y C, et al.Macrocyclic arenes-based conjugated macrocycle polymers for highly selective CO_2 capture and iodine adsorption[J].Angewandte Chemie, 2021, 133（16）: 9049-9057.

③ Shi B, Guan H, Shangguan L, et al. A pillar [5] arene-based 3D network polymer for rapid removal of organic micropollutants from water[J].Journal of materials chemistry A, 2017, 5（46）: 24217-24222.

④ Lan S, Zhan S, Ding J, et al.Pillar [n] arene-based porous polymers for rapid pollutant removal from water[J].Journal of materials chemistry A, 2017, 5（6）: 2514-2518.

⑤ Lan S, Ling L, Wang S, et al.Pillar [5] arene-integrated three-dimensional framework polymers for macrocycle-induced size-selective catalysis[J].ACS Applied Materials & Interfaces, 2022, 14（3）: 4197-4203.

7.3　有机多孔材料的应用

7.3.1　化学传感

传感分析在化工、食品安全、人体健康诊断、法医调查、环境安全等领域具有极其重要的意义，引起了科研人员越来越多的关注。例如，爆炸物、重金属离子、挥发性有机化合物（VOCs）等环境污染物会极大地影响人类的健康，导致心脏病、肺癌、肝病等。近年来，公共场所的安全标准有了明显提高，这对环境污染物的传感和检测提出了更高的要求。目前，许多传统的方法已被用于传感分析，如离子色谱法、气相色谱法、表面增强拉曼散射法、电化学、能量色散X射线衍射法、质谱法。虽然这些检测方法能够提供准确的分析物信息，但其固有的成本高、仪器操作复杂、费时费力等缺点限制了其广泛应用。然而，基于发光、自然光响应、电导率等光学和电学性质的传感分析，与传统方法相比，肉眼检测方便，技术简单，具有很大的优势。化学传感过程通常涉及探针-分析物相互作用，这可以诱导可观察到的颜色、形貌、电阻、发光发射或吸收等发生变化，因此为识别分析物提供有用的信息。多孔有机聚合物作为一种极具发展前景的材料，因其丰富的结构、孔隙度和功能可调而受到广泛关注。此外，由于多孔有机聚合物的多孔性质可以提供与客体分子相互作用的微环境，所以多孔有机聚合物在传感领域具有广泛应用。

2013年，Jiang等[1]报道了第一个用于检测硝基芳香炸药的COFs。在溶剂热条件下，肼与1，3，6，8-四（4-甲酰苯基）芘（TFPPy）缩合生成高度结晶的二维共价有机框架（Py-AzineCOF）。合成的Py-AzineCOF可以作为荧

---

① Dalapati S，Jin S，Gao J，et al.An azine-linked covalent organic framework[J].Journal of the American Chemical Society，2013，135（46）：17310-17313.

光传感器在乙腈中选择性检测TNP，当TNP浓度为70ppm时，可以猝灭69%的COF荧光强度，而其他硝基化合物只能猝灭15%以下的荧光强度。TNP对应的K_{sv}为7.8×10^4mol/L，是其他硝基化合物的40~90倍。TNP的加入引起Py-AzineCOF荧光猝灭的原因是TNP中的3个硝基与Py-AzineCOF孔壁上的氮原子产生强烈的氢键相互作用，形成基态络合，导致静态荧光猝灭。

Yavuz等[①]通过1，3，5-苯三乙腈和对苯二甲醛的Knoevenagel-like缩合反应合成了碳-碳键结合的COP-100。在常见金属离子的存在下，仅有Fe^{2+}和Fe^{3+}可以使COP-100荧光猝灭，即使Fe^{2+}和Fe^{3+}的浓度极低，聚合物的荧光也会显著淬灭。在2.5×10^{-6}~2×10^{-4}mol/L范围内，Fe^{2+}和Fe^{3+}的淬灭常数分别为2.58×10^4mol/L和2.97×10^4mol/L，检出限分别为2.45×10^{-7}mol/L和2.13×10^{-7}mol/L。这些结果表明COP-100是一种很有前途的选择性铁离子荧光传感器材料。

在已报道的COFs应用领域中，传感器是一个很有吸引力的领域。由于其结构上的优点，COFs显示出巨大的潜力，并获得了高性能的灵敏度和选择性。从结构上看，COFs规则排列的通道有利于目标分析物与活性位点接触，实现传感过程。另一方面，COFs出色的化学稳定性可以保持传感过程中结构的完整性。

此外，通过自下而上或后修饰合成的COFs具有高表面积和众多功能位点，这为各种物质的分析提供了广泛响应。目前，基于COFs的传感器的报道大多数都是基于荧光和电导率的检测。这是因为在低浓度检测情况下，荧光和电导率信号的变化更为方便和敏感。

---

① Özdemir E，Thirion D，Yavuz C T.Covalent organic polymer framework with C－C bonds as a fluorescent probe for selective iron detection[J].RSC advances，2015，5（84）：69010-69015.

7.3.2 气体储存与分离

多孔有机聚合物由于具有高表面积，极低密度和可调节的孔隙尺寸，因此已广泛应用于气体的存储与分离。

二氧化碳（CO_2）被认为是主要的温室气体之一。气候变化迫切需要从烟道气等排放源中分离和捕获二氧化碳。过去，为了有效去除CO_2，人们开发了各种方法，如胺洗涤、低温蒸馏、膜基分离和固体吸附。在所有这些方法中，吸附方法被认为是一种有效的CO_2分离和捕获方法。固体吸附剂具有易回收、无腐蚀性、能耗低等优点。固体吸附剂如沸石、金属氧化物、活性炭、碳氮化物、金属有机框架（MOFs）、多孔有机聚合物（POPs）已被研究用于CO_2分离和捕获应用，在CO_2吸附能力和选择性方面具有广泛的性能。Lai等[①]成功合成了2D氯基功能化COFs，显示出高结晶度和高表面积以及优异的化学热稳定性。合成的氯功能化CAA–COF–1和CAA–COF–2材料与各自的非氯化对应物（TpPa–1和TpBD）相比，CO_2吸收增强了近28%~44%，对CO_2/N_2和CO_2/CH_4气体的吸附选择性增强。动态穿透实验表明，CAA–COF–1和CAA–COF–2的CO_2N_2（10/90）气体混合物选择性分别为95和54。此外，CAA–COF–1的CO_2CH_4（10/90）选择性为29。

在CMPs的研究过程中，应用范围最广的就是对气体的吸附与存储，其中氢气、甲烷和二氧化碳的储存是研究最广泛的领域。在CMPs的合成中，其丰富的单体和合成方法的选择有利于通过骨架调控提高材料的气体吸附性能，为CMPs作为优异的气体吸附与存储材料提供了良好的条件，因此，为了提高CMPs对于气体的吸附和存储能力，也可以通过控制合成方法和将功能单元引入材料孔壁表面来改善孔隙环境。

2012年，Cooper课题组采用Sonogashira偶联反应合成了一系列三嗪基CMPs材料，并将其命名为TCMPs，以用于对CO_2的吸附。2018年，杨思杰

---

① Shinde D B, Ostwal M, Wang X, et al.Chlorine-functionalized keto-enamine-based covalent organic frameworks for CO2 separation and capture[J].CrystEngComm，2018，20（47）：7621-7625.

等通过钯催化Suzuki-Miyaura交叉偶联反应制备了两种具有相似结构的sp^2碳CMPs，命名为BO-CMP-1和BO-CMP-2，具有很好的吸附有毒有机蒸汽的能力。

2018年，任世斌等通过1，3，6，8-四乙基芘（L）的氧化均偶联，将芘和炔引入到共轭微孔聚合物（LKK-CMP-1）中，使得该聚合物拥有了较小的孔径尺寸和良好的热稳定性。LKK-CMP-1中的这些小孔隙促进了CO_2与其孔壁之间的相互作用，使其有着优秀的选择性，在环境温度下表现出可观的吸收量和良好的CO_2/N_2选择性（44.2）。

2019年，苏忠民课题组采用$FeCl_3$进行催化，将吡咯和芳醛交叉偶联合成得到两种新型卟啉（Porp）基共轭微孔聚合物（Porp-TPE-CMP和Porp-Py-CMP），这两个材料的比表面积分别为547m^2/g和31m^2/g。由于卟啉中大量的氮活性位点，所得的材料有着较强的选择性，Porp-TPE-CMP和Porp-Py-CMP的CO_2/N_2选择性分别为55.2和40.7。

2015年，乔山林等通过Sonogashira均偶联或交叉偶联缩合反应得到三种新型氧膦类共轭微孔聚合物，分别命名为TEPO-1、TEPO-2和TEPO-3。三种材料的比表面积分别为485m^2/g、534m^2/g和592m^2/g，其中用富含电子的噻吩官能团代替苯环合成得到的TEPO-3，由于富电子官能团与缺电子的CO_2分子结合力更强，以此可以提高CMPs的CO_2/CH_4选择性，其CO_2/CH_4的选择性为15.5，高于苯环合成得到的TEPO-2。

7.3.3　催化

共价有机框架（COFs）是一种新型的结晶多孔材料，该材料的孔隙结构可预测且具有规律性，因此在吸附、储气，特别是催化方面具有更大的潜力。

　　2011年，Wang等人[①]报告了第一个将亚胺连接的COF用作催化材料的例子。该小组以1，3，5-均三苯甲醛和1，4-二氨基苯为原料成功地构建了一种亚基COF材料，命名为COF-LZU1。二维层状结构以及重叠的亚胺键使COF-LZU1材料成为配位金属离子的理想材料，因此，通过简单的后处理就实现了Pd（OAc）$_2$与COF-LZU1的配位并通过PXRD、核磁碳谱、扫描电子显微镜照片和XPS等表征方法证明了Pd（OAc）$_2$的掺入。进一步将合成的PdCOF-LZU1材料用于催化Suzuki-Miyaura偶联反应，Suzuki-Miyaura偶联反应是C-C键形成的重要反应。PdCOF-LZU1催化剂的高活性表现为反应物范围广、反应产物产率高、催化剂稳定性好、可回收性好。PdCOF-LZU1催化Suzuki-Miyaura偶联反应的优异活性应归因于其独特的结构。COF-LZU1的重叠层片状排列为Pd（OAc）$_2$的掺入提供了坚固的支架，相邻层间距（约3.7）符合Pd（OAc）$_2$配位的理想条件。此外，直径为1.8nm的常规通道能够提供有效的活性位点通道和快速扩散通道。在这一工作中，不仅证明了第一个利用COF材料进行催化的例子，而且验证了COF-LZU1在相对恶劣的反应条件下的耐受性。

　　共价有机框架（COFs）在有机催化中有着广泛的应用，然而在聚合催化方面尚无报道。2021年，Li等[②]报道了COFs在聚合催化中的新应用。通过后处理将不同数量的均相Rh催化剂加入到COF中，得到一系列TPB-DMTP-COF-Xwt%Rh，其Rh含量从2.74~11.38wt%不等。与已知的Rh催化剂相比，TPB-DMTP-COF-Xwt%Rh表现出罕见的协同效应和特殊的纳米通道空间约束效应。因此，它们既具有均相催化剂的高活性和选择性，又具有多相催化剂的稳定性和可回收性，具有极高的活性，可达1.3×10^7gmol/Rh/h，可达99%的顺式选择性，在苯乙炔及其衍生物的聚合中易于回收和重复使用5次。

① Ding S Y，Gao J，Wang Q，et al.Construction of covalent organic framework for catalysis：Pd/COF-LZU1 in Suzuki - Miyaura coupling reaction[J].Journal of the American Chemical Society，2011，133（49）：19816-19822.

② Cao Q，Zhang S，Zhang L，et al.Unprecedented application of covalent organic frameworks for polymerization catalysis：Rh/TPB-DMTP-COF in polymerization of phenylacetylene and its functional derivatives[J].ACS Applied Materials & Interfaces，2021，13（11）：13693-13704.

该研究结果表明，COF负载型催化剂可作为一种优良的多相聚合催化剂，具有较高的工业价值和广泛的工业生产应用潜力。

PAFs以其共价键和芳香基序作为建筑单元，同时具有高稳定性和化学多样性。此外，PAFs具有高度亲脂性孔隙，这个特性使其适用于有机转化。故PAFs的催化应用已得到了广泛的研究，但是仅由苯环构成的PAFs具有催化惰性。因此，为了赋予PAFs催化活性，对其进行特异性功能化非常有必要。许多官能团发挥着催化位点的作用，这些官能团可以通过合成后修饰引入PAFs框架中。其中，酸性和碱性位点可以通过简单的处理引入PAFs框架。除了简单的酸性或碱性位点外，由于其框架的可修饰性和稳定性，其他功能也可以被引入到PAFs。例如，磷腈基团可以通过三个后修饰步骤在具有金刚核（PPAF-A）的多孔芳香骨架中进行功能化。所得的PPAF-AD-Phos与均相磷腈催化剂相比，开环聚合的周转率增加，易于回收。这些功能确保了它们在各种催化反应中的广泛应用，如级联催化、不对称催化、氧化还原催化和光催化。具有催化活性的建筑单元将其有机转化能力传递给PAFs框架，从而显著提高催化活性。一个被广泛研究的典型例子是卟啉，它是PAFs合成中使用的刚性方形建筑单元之一。PAF-76由卟啉建筑单元和四苯基甲烷四面体建筑单元通过交叉偶联合成。随后，诸如Fe、Mn和Zn的金属被卟啉配位以产生PAF-76-M。卟啉通过四面体节点的分离确保了金属位点彼此隔离，因此PAF-76-M在苯乙烯氧化反应中表现出较高的催化性能，包括高转化率和对产物苯乙醛的高选择性。金属催化和有机金属催化是近年来研究的热点。在这些领域中，通过将金属和有机金属催化剂锚定在多孔材料表面，避免纳米颗粒的聚集，从而提高多相催化效率。因此，具有高表面积或有效金属结合位点的PAFs在多相催化中具有广泛的应用。2019年，Yang等[①]以三苯基膦（PPh3）和二苯基-2-吡啶基膦（PPh2Py）为原料合成了膦基PAFs，即PAF-93和PAF-94。由于存在强结合的P和N位点，金纳米粒子被固定在

---

① Yang Y, Wang T, Jing X, et al.Phosphine-based porous aromatic frameworks for gold nanoparticle immobilization with superior catalytic activities[J].Journal of materials chemistry A, 2019, 7（16）: 10004-10009.

PAF-93和PAF-94中，并且它们对硝基苯酚的还原表现出高催化动力学。与其他金属被锚定在PAFs内的催化剂类似，与单独的金相比，复合催化剂的可回收性得到了改善。与均相有机金属催化剂相比，PAFs基催化剂对不同的有机反应表现出相似的催化效率。同时，它们还表现出多相催化剂的已知优势，如高耐久性、良好的可回收性和易于在溶液中操作。因此，PAFs基催化剂被认为是用于大规模多相反应的有前途的催化剂。

7.3.4　电化学

固体锂离子导体是构建高能、大功率、长循环寿命固态锂电池的关键材料。共价有机骨架（COFs）是一种新型多孔结晶固体，具有稳定的有机骨架和开放的通道，可容纳锂盐，从而可能表现出离子传导行为。然而，单纯浸润在固态COFs孔隙中的Li盐类往往以紧密缔合的离子对形式存在，导致离子扩散动力学缓慢。在COF结构中加入阳离子骨架，通过更强的介电屏蔽来拆分Li盐离子对。Liu[1]展示了一类基于阳离子CON的新型固体Li^+导体。特殊的二维平面和阳离子框架有助于提高Li^+在70℃时的电导率，高达2.09×10^{-4}S/cm。考虑到模块化结构设计的COFs材料的巨大潜力，COF基固体Li^+导体的离子电导率和电化学稳定性无疑可以进一步优化。该结构还可用于传导其他离子，如Na^+、K^+、Mg^{2+}或Al^{3+}。

2017年，Wang等[2]成功地将二维共价有机框架剥离成聚合物薄片。Li^+在ECOFs中的传输路径显著缩短，从而使原始COF基阴极中的离子扩散控制的电化学过程转变为电荷转移主导的过程。DAAQ-ECOF在20mA/g下的容量高

① Liu M, Huang Q, Wang S, et al.Crystalline covalent triazine frameworks by in situ oxidation of alcohols to aldehyde monomers[J].Angewandte Chemie International Edition, 2018, 57（37）: 11968-11972.

② Yu S Y, Mahmood J, Noh H J, et al.Direct synthesis of a covalent triazine-based framework from aromatic amides[J].Angewandte Chemie International Edition, 2018, 57（28）: 8438-8442.

达其理论容量的96%，在电流密度为500mA/g的条件下循环1800次后，容量仍为10^4mA/h，没有明显的衰落。DAAQ-ECOF的电池性能，包括容量、循环稳定性和速率，与单体和原始COF相比，有显著提高。通过分子设计，可以将放电电压提高到3.6V，将容量提高到210mA/h。COFs的原子可控和高结晶特性使容量和电位的微调成为可能，为更好地理解活性位点的扩散机制和电化学过程提供了平台。

7.3.5 吸附

随着工业化发展进程的加快，自然环境中的污染问题日益严重，为了对污染物进行有效、快速地去除，越来越多的研究人员开始寻找理想的吸附剂。CMPs由于其特点突出，越来越多的人开始关注CMPs作为吸附剂吸附污染物。

有机污染物由于其应用广泛，在使用与后续处理中又难免会造成处理不完善而流入自然环境中，导致环境污染，危害人体健康。2010年，Cooper等[1]通过Sonogashira反应合成了一系列功能性CMPs，利用其结构中的亲水性羟基促进了其对甲基橙染料的吸附；2020年，ChakrabortyJeet等通过室温合成得到具有高比表面积的共轭微孔聚合物用于吸附氟喹诺酮类抗生素，在酸碱条件下均拥有很高的吸附效率。2020年，谭志强等通过Yamamoto偶联反应，设计合成了二茂铁基共轭微孔聚合物（FcCMPS），替换单体设计出比表面积分别为638m^2/g和422m^2/g的FcCMP-1和FcCMP-2，并将其应用于去除水溶液中的甲基紫，由于FcCMP-1和FcCMP-2的富电子共轭结构与甲基紫阳离子基团之间的相互作用，作为吸附剂可以表现出优异的吸附性能。[2]

---

[1] Dawson R，Laybourn A，Khimyak Y Z，et al.High surface area conjugated microporous polymers：the importance of reaction solvent choice[J]. Macromolecules，2010，43（20）：8524-8530.

[2] Tan Z，Su H，Guo Y，et al.Ferrocene-based conjugated microporous polymers derived from yamamoto coupling for gas storage and dye removal[J].Polymers，2020，12（3）：719.

重金属污染主要是由于人类活动导致环境中重金属含量过高，其主要体现在水污染中，严重危害水生生物以及人体健康。2016年，李安课题组分别以甲苯和1，4-二氧六环为溶剂，通过钯催化的Sonogashira偶联反应合成了富氮共轭微孔聚合物（NCMP-I和NCMP-Ⅲ），具有较大比表面积的NCMP-I（945m²/g）对水中重金属的吸附效果更为明显，研究得到其对水中镍（Ⅱ）的最大吸附容量可达到384mg/g[①]；同年，李安团队还采用Pd（0）Cu（I）催化的Sonogashira偶联反应合成了两种富氮型CMPs材料用于对水中重金属的去除，分别为BQCMP-1和DQCMP-1，两个材料对水中镍（Ⅱ）的最大吸附容量可达到272mg/g和559mg/g。[②]2015年，杨瑞霞等提出为了增强对重金属离子的去除效果，可以将氟原子引入CMPs骨架，所得到的氟化共轭微孔聚合物PFCMP-0对水中铅（Ⅱ）和砷（Ⅴ）的最大吸附量分别为826.1mg/g和303.2mg/g，高于已报道的任何多孔材料的吸附容量，其骨架中氟原子与金属阳离子之间的相互作用是使材料具有高吸附量的原因。[③]

7.3.6　超分子大环衍生的多孔有机聚合物用于分离、传感和催化的研究进展

随着材料科学的飞速发展，以多孔有机聚合物为代表的固态有机功能材料的设计合成引起了合成化学和材料科学领域工作者的极大兴趣。它通过成熟的有机合成策略将容易获得的不同结构和功能水平的小分子组装

---

① Mu P，Sun H，Zhu Z，et al.Synthesis and Properties of Nitrogen-Containing Conjugated Microporous Polymers[J]. Macromolecular Materials and Engineering，2016，301（4）：451-456.

② Zang J，Zhu Z，Mu P，et al.Synthesis and properties of conjugated microporous polymers bearing pyrazine moieties with macroscopically porous 3D networks structures[J].Macromolecular Materials and Engineering，2016，301（9）：1104-1110.

③ Yang R X，Wang T T，Deng W Q.Extraordinary capability for water treatment achieved by a perfluorous conjugated microporous polymer[J].Scientific Reports，2015，5（1）：10155.

成更大规模的交联网络，从而实现"自下而上"的有序管理，这种紧密而独立的联合关系有效地增强了离散组件的内在属性。精巧的单体设计在结构层次和时间尺度上阐明了不同物理化学性质和功能的分子起源。近些年来，具有复杂结构和优异性能的新型多孔有机聚合物层出不穷，蓬勃发展。将超分子大环引入到多孔有机聚合物网络中为新一代功能材料的设计合成提供了新的视角和切入点。由非共价键力驱动的主客体体系和基于刺激响应机制的大环构型构象转变赋予了聚合物网络可控的拓扑结构并拓宽了其实际应用的领域。

近期，吉林大学化学学院杨英威教授课题组在 Advanced Materials 期刊上发表了题为 "Macrocycle-based porous organic polymers for separation, sensing, and catalysis" 的综述文章，系统性地总结了基于超分子大环的系列晶态和无定形态的多孔有机聚合物体系及其在吸附分离、传感检测、异相催化领域中的研究进展。其中，作者主要概述了基于多种平面型和非平面型大环分子的多孔有机聚合物网络的合成策略、结构特点和性质功能，并根据不同的超分子大环自身的理化性质详细地阐述了通过引入或调控超分子相互作用来影响功能材料的结构和性质的机制。研究发现，结合了超分子大环的多孔有机聚合物在选择性吸附分离、水污染治理、光学传感检测和非均相催化中都表现出优异的性能。最后，作者对该领域的优势和挑战进行了系统论述，并对该领域未来的发展方向进行了展望。

作者指出，相较于传统的多孔有机聚合物材料，引入超分子大环作为主要的构筑基元为功能材料带来了以下几点优势：具有特定尺寸和化学环境的空腔结构有助于对孔隙率的精准调控，所形成的大环内腔和外部间隙孔协同发挥作用可以高效地实现多种组分的选择性筛分；超分子大环的主客体化学和可后修饰等特点为阐释先进多孔材料的结构-性能关系提供了新的思路，使得聚合物网络具备更加多样化的功能，大大拓宽其实际应用范围。

参考文献

[1]刘培生，梅乐夫，程伟.多孔材料基础与应用[M].北京：化学工业出版社，2024.

[2]马天慧，李兆清，张晓萌.功能材料制备技术[M].哈尔滨：哈尔滨工业大学出版社，2023.

[3]曹小漫.金属有机骨架基超级电容器电极材料[M].北京：冶金工业出版社，2023.

[4]李辉，许芬芬，黎日强.超分子聚合物的构筑及结构转化[M].北京：冶金工业出版社，2022.

[5]李璐，胡荣，陈善勇，等.有机光电功能材料与器件[M].北京：科学出版社，2018.

[6]黄维扬.金属有机光电磁功能材料与器件[M].北京：科学出版社，2020.

[7]葛金龙.金属有机骨架材料制备及其应用[M].合肥：中国科学技术大学出版社，2019.

[8]李睿.纳米尺度金属有机骨架材料的可控制备及其荧光传感性质研究[D].安徽大学，2012.

[9]姚建年.有机光功能材料与激光器件[M].北京：科学出版社，2020.

[10]汪济奎，郭卫红，李秋影.新型功能材料导论[M].上海：华东理工大学出版社，2014.

[11]李垚，赵九蓬.新型功能材料制备原理与工艺[M].哈尔滨：哈尔滨工

业大学出版社，2017.

[12]杨柳涛，关蒙恩.高分子材料[M].成都：电子科技大学出版社，2016.

[13]何领好，王明花.功能高分子材料[M].武汉：华中科技大学出版社，2016.

[14]殷景华，王雅珍，鞠刚.功能材料概论[M].哈尔滨：哈尔滨工业大学出版社，2017.

[15]李贺军，齐乐华，张守阳.先进复合材料学[M].西安：西北工业大学出版社，2016.

[16]李远勋，季甲.功能材料的制备与性能表征[M].成都：西南交通大学出版社，2018.

[17]蒋亚东.敏感材料与传感器[M].北京：科学出版社，2016.

[18]刘锦淮，黄行九.纳米敏感材料与传感技术[M].北京：科学出版社，2015.

[19]郭海燕，彭东来，冯孝权，等.自具微孔聚合物PIM-1膜在气体分离领域的研究进展[J].化工进展，2021，40（10）：5577-5589.

[20]王国建.功能高分子材料[M].2版.上海：同济大学出版社，2014.

[21]陈光，崔崇，徐锋，等.新材料概论[M].北京：国防工业出版社，2013.

[22]王二蕾，肖顺超，伍川，等.羧基改性有机硅材料研究进展[J].浙江化工，2021，52（04）：16-20.

[23]董朔瑜，马伟芳.多孔有机聚合物吸附去除水中污染物研究进展[J].水处理技术，2021，47（10）：18-23.

[24]余泽浩，宋姿洁，白赢，等.硅氢加成反应非均相催化剂研究新进展[J].杭州师范大学学报（自然科学版），2021，20（06）：566-576.

[25]张利智，刘聪，禹国军.基于物理吸附的微孔储氢材料研究进展[J].应用化工，2021，50（12）：3407-3410.

[26]白蕾，王艳凤，霍淑慧，等.金属-有机骨架及其功能材料在食品和水有害物质预处理中的应用[J].化学进展，2019，31（01）：191-200.

[27]霍朝伟，吴奕辰，周远浩，等.自具微孔聚合物在渗透汽化膜分离中的应用进展[J].水处理技术，2021，47（02）：1-6+26.

[28]付玉芳，邹志娟，杨帆，等.基于4，4'-联吡啶钯骨架多孔聚合物作为高效Suzuki偶联反应多相催化剂[J].工业催化，2018，26（03）：23-28.

[29]崔元靖，钱国栋.光子功能金属-有机框架材料研究进展[J].硅酸盐学报，2021，49（02）：285-295.

[30]冯子健，曾鸣，刘程，等.苯并噁嗪功能材料的研究进展[J].高分子材料科学与工程，2018，34（01）：184-190.

[31]Zhang D D，CaiM H，Zhang Y G，et al.Highly efficient simplified single-emitting-layer hybrid WOLEDs with low roll-off and good color stability through enhanced forster energy transfer[J].ACS applied materials&interfaces，2015，7（51）：28693-28700.

[32]Goushi K，Yoshida K，Sato K，et al.Organic light-emitting diodes employing efficient reverse intersystem crossing for triplet-to-singlet state conversion[J].Nature Photonics，2012，6（4）：253-258.

[33]Sarma M，Wong K T.Exciplex：an intermolecular charge-transfer approach for TADF[J].ACS Applied Materials&Interfaces，2018，10（23）：19279-19304.

[34]Zhang M，Zheng C J，Lin H，et al.Thermally activated delayed fluorescence exciplex emitters for high-performance organic light-emitting diodes[J].Materials Horizons，2021，8（2）：401-425.

[35]Park J M，Sohn I B，Kang C，et al.Terahertz modulation using TIPS-pentacene thin films deposited on patterned silicon substrates[J].Optics Communications，2016，359：349-352.

[36]Tang Q，Li H，He M，et al.Low threshold voltage transistors based on individual single-crystalline submicrometer-sized ribbons of copper phthalocyanine[J].Advanced Materials，2006，18（1）：65-68.

[37]ZHANG Y，TANG Q，LI H，et al.Hybrid bipolar transistors and inverters of nanoribbon crystals[J].Applied Physics Letters，2009，94（20）：135.

[38]Hirshberg Y.Reversible formation and eradication of colors by irradiation at low temperatures. A photochemical memory model[J].Journal of the American Chemical Society，1956，78（10）：2304-2312.

[39]Hirshberg Y，Fischer E.Photochromism and reversible multiple internal transitions in some spiro Pyrans at low temperatures.Part Ⅱ[J].Journal of the Chemical Society，1954：3129–3137.

[40]Hirshberg Y，Fischer E.Multiple reversible color changes initiated by irradiation at low temperature[J].The Journal of Chemical Physics，1953，21（9）：1619–1620.

[41]Zhang T，Sheng L，Liu J，et al.Photoinduced Proton Transfer between Photoacid and pH–Sensitive Dyes：Influence Factors and Application for Visible–Light–Responsive Rewritable Paper[J].Advanced Functional Materials，2018，2（16）：1705532.

[42]Kumar K，Knie C，Bléger D，et al.A chaotic self–oscillating sunlight–driven polymer actuator[J].Nature communications，2016，7（1）：11975.

[43]Qu D H，Wang Q C，Ren J，et al.A light–driven rotaxane molecular shuttle with dual fluorescence addresses[J].Organic letters，2004，6（13）：2085–2088.

[44]Abe I，Hara M，Seki T，et al.A trigonal molecular assembly system with the dual light–driven functions of phase transition and fluorescence switching[J].Journal of Materials Chemistry C，2019，7（8）：2276–2282.

[45]Zhu Q，Wang S，Chen P.Diazocine derivatives：A family of azobenzenes for photochromism with highly enhanced turn–on fluorescence[J].Organic letters，2019，21（11）：4025–4029.

[46]Ouyang G，Bialas D，Würthner F.Correction：Reversible fluorescence modulation through the photoisomerization of an azobenzene–bridged perylene bisimide cyclophane[J].Organic Chemistry Frontiers，2021，8（7）：1719–1720.

[47]Eich M，Ishitobi H，Maeda M，et al.Molecular Orientation by Two–Photon Absorption[J]. Proceedings of SPIE – The International Society for Optic al Engineering，2005，5935（1）：92–101.

[48]Huang L，Wu C，Zhang L，et al.A Mechanochromic and Photochromic Dual–Responsive Co–assembly with Multicolored Switch：A Peptide–Based Dendron Strategy[J].ACS applied materials & interfaces，2018，10（40）：

34475-34484.

[49]Mo S，Tan L，Fang B，et al.Mechanically controlled FRET to achieve high-contrast fluorescence switching[J].Science China Chemistry，2018，61（12）: 1587-1593.

[50]Qi Q，Qian J，Ma S，et al.Reversible multistimuli-response fluorescent switch based on tetraphenylethene – spiropyran molecules[J].Chemistry – A European Journal，2015，21（3）: 1149-1155.

[51]Kong L，Wong H L，Tam A Y，et al.Synthesis，characterization，and photophysical properties of Bodipy-spirooxazine and-spiropyran conjugates: modulation of fluorescence resonance energy transfer behavior via acidochromic and photochromic switching[J].ACS applied materials & interfaces，2014，6（3）: 1550-1562.

[52]Ding G，Gai F，Gou Z，et al.Multistimuli-responsive fluorescent probes based on spiropyrans for the visualization of lysosomal autophagy and anticounterfeiting[J].Journal of Materials Chemistry B，2022，10（26）: 4999- 5007.

[53]Tan T，Chen P，Huang H，et al.Synthesis，characterization and photochromic studies in film of heterocycle-containing spirooxazines[J]. Tetrahedron，2005，61（34）: 8192-8198.

[54]Suh H J，Jin S H，Gal Y S，et al.Synthesis and photochromism of polyacetylene derivatives containing a spiroxazine moiety[J].Dyes and pigments， 2003，58（2）: 127-133.

[55]Zhang Y，Li H，Pu S.A colorimetric and fluorescent probe based on diarylethene for dual recognition of Cu^{2+} and CO_3^{2-} and its application[J]. Journal of Photochemistry and Photobiology A: Chemistry，2020，400: 112721.

[56]Heng Z，Shuli G，Huimin K，et al.Multi-responsive molecular switch based on a novel photochromic diarylethene derivative bearing a benzocoumarin unit[J].Tetrahedron，2020，76（10）: 130955.

[57]Fukaminato T，Doi T，Tamaoki N，et al.Single-molecule fluorescence photoswitching of a diarylethene-perylenebisimide dyad: non-destructive

fluorescence readout[J].Journal of the American Chemical Society,2011,133（13）: 4984-4990.

[58]Ma Y，Yu Y，She P，et al.On-demand regulation of photochromic behavior through various counterions for high-level security printing[J].Science advances，2020，6（16）: eaaz2386.

[59]Lin Z，Pan H，Tian Y，et al.Photo-pH dual stimuli-responsive multicolor fluorescent polymeric nanoparticles for multicolor security ink, optical data encryption and zebrafish imaging[J].Dyes and Pigments，2022，205: 110588.

[60]Liu D.A simple fluorescent switch with four states based on benzothiazole-spiropyran for reversible multicolor displays and anti-counterfeiting[J].New Journal of Chemistry，2022，46（40）: 19118-19123.

[61]Xia H，Loan T，Santra M，et al.Multiplexed stimuli-responsive molecules for high-security anti-counterfeiting applications[J].Journal of Materials Chemistry C，2023，11（12）: 4164-4170.

[62]Abdollahi A，Sahandi-Zangabad K，Roghani-Mamaqani H.Rewritable anticounterfeiting polymer inks based on functionalized stimuli-responsive latex particles containing spiropyran photoswitches: reversible photopatterning and security marking[J].ACS applied materials & interfaces，2018，10（45）: 39279-39292.

[63]Wang W，Yi L，Zheng Y，et al.Photochromic and mechanochromic cotton fabric for flexible rewritable media based on acrylate latex with spiropyran cross-linker[J].Composites Communications，2023，37: 101455.

[64]Azimi R，Abdollahi A，Roghani-Mamaqani H，et al.Dual-mode security anticounterfeiting and encoding by electrospinning of highly photoluminescent spiropyran nanofibers[J].Journal of Materials Chemistry C，2021，9（30）: 9571-9583.

[65]Samanta D，Galaktionova D，Gemen J，et al.Reversible chromism of spiropyran in the cavity of a flexible coordination cage[J].Nature communications，2018，9（1）: 641.

[66]Karimipour K，Rad J K，Ghomi A R，et al.Hydrochromic and

photoswitchable polyacrylic nanofibers containing spiropyran in eco-friendly ink-free rewriteable sheets with responsivity to humidity[J].Dyes and Pigments，2020，175：108185.

[67]Fu Y，Han H H，Zhang J，et al.Photocontrolled fluorescence "double-check" bioimaging enabled by a glycoprobe - protein hybrid[J].Journal of the American Chemical Society，2018，140（28）：8671-8674.

[68]Chai X，Han H H，Sedgwick A C，et al.Photochromic fluorescent probe strategy for the super-resolution imaging of biologically important biomarkers[J].Journal of the American Chemical Society，2020，142（42）：18005-18013.

[69]Beaujuge P M，Ellinger S，Reynolds J R.The donor - acceptor approach allows a black-to-transmissive switching polymeric electrochrome[J].Nature materials，2008，7（10）：795-799.

[70]Yen H J，Liou G S.Solution-processable triarylamine-based electroactive high performance polymers for anodically electrochromic applications[J].Polymer Chemistry，2012，3（2）：255-264.

[71]Zhang Q，Tsai C Y，Li L J，et al.Colorless-to-colorful switching electrochromic polyimides with very high contrast ratio[J].Nature Communications，2019，10（1）：1239.

[72]De Surville R，Jozefowicz M，Yu L T，et al.Electrochemical chains using protolytic organic semiconductors[J].Electrochimica Acta，1968，13（6）：1451-1458.

[73]Zhang S，Chen S，Yang F，et al.High-performance electrochromic device based on novel polyaniline nanofibers wrapped antimony-doped tin oxide/TiO$_2$ nanorods[J].Organic Electronics，2019，65：341-348.

[74]Zhang B，Xu C，Xu G，et al.Electrosynthesis and characterizations of a multielectrochromic copolymer based on aniline and o-nitroaniline in visible-infrared region[J].Journal of Applied Polymer Science，2019，136（13）：47290.

[75]Abaci U，Guney H Y，Kadiroglu U.Morphological and electrochemical properties of PPy, PAni bilayer films and enhanced stability of their electrochromic devices（PPy/PAni - PEDOT, PAni/PPy - PEDOT）[J].Electrochimica Acta，

2013, 96: 214-224.

[76]Narayana Y, Mondal S, Rana U, et al.One-step synthesis of a three-dimensionally hyperbranched Fe（Ⅱ）-based metallo-supramolecular polymer using an asymmetrical ditopic ligand for durable electrochromic films with wide absorption, large optical contrast, and high coloration efficiency[J].ACS Applied Electronic Materials, 2021, 3（5）: 2044-2055.

[77]Cummins D, Boschloo G, Ryan M, et al.Ultrafast electrochromic windows based on redox-chromophore modified nanostructured semiconducting and conducting films[J].The Journal of Physical Chemistry B, 2000, 104（48）: 11449-11459.

[78]Shao M, Lv X, Zhou C, et al.A colorless to multicolored triphenylamine-based polymer for the visualization of high-performance electrochromic supercapacitor[J].Solar Energy Materials and Solar Cells, 2023, 251: 112134.

[79]Ezhilmaran B, Bhat S V.Rationally designed bilayer heterojunction electrode to realize multivalent ion intercalation in bifunctional devices: Efficient aqueous aluminum electrochromic supercapacitor with transparent nanostructured TiO_2/MoO_3[J].Chemical Engineering Journal, 2022, 446: 136924.

[80]Mohanadas D, Azman N H N, Sulaiman Y.A bifunctional asymmetric electrochromic supercapacitor with multicolor property based on nickel oxide/vanadium oxide/reduced graphene oxide[J].Journal of Energy Storage, 2022, 48: 103954.

[81]Kim J, Inamdar A I, Jo Y, et al.Nanofilament array embedded tungsten oxide for highly efficient electrochromic supercapacitor electrodes[J].Journal of materials chemistry A, 2020, 8（27）: 13459-13469.

[82]Zohrevand N, Madrakian T, Ghoorchian A, et al. Simple electrochromic sensor for the determination of amines based on the proton sensitivity of polyaniline film[J].Electrochimica Acta, 2022, 427: 140856.

[83]Xu W, Fu K, Bohn P W.Electrochromic sensor for multiplex detection of metabolites enabled by closed bipolar electrode coupling[J].ACS sensors, 2017, 2（7）: 1020-1026.

[84]Yahaya M B, Salleh M M, Yusoff N Y N.Electrochromic sensor using porphyrins thin films to detect chlorine[J].Device and Process Technologies for MEMS, Microelectronics, and Photonics Ⅲ, 2004, 5276: 422–427.

[85]Liao Q, Ke C, Huang X, et al. A Versatile Method for Functionalization of Covalent Organic Frameworks via Suzuki–Miyaura Cross-Coupling[J]. Angewandte Chemie, 2021, 133（3）: 1431–1436.

[86]Gui B, Liu X, Cheng Y, et al.Tailoring the Pore Surface of 3D Covalent Organic Frameworks via Post-Synthetic Click Chemistry[J].Angewandte Chemie, 2022, 134（2）: e202113852.

[87]Germain J, Fréchet J M J, Svec F.Hypercrosslinked polyanilines with nanoporous structure and high surface area: potential adsorbents for hydrogen storage[J].Journal of Materials Chemistry, 2007, 17（47）: 4989–4997.

[88]Ahn J H, Jang J E, Oh C G, et al.Rapid generation and control of microporosity, bimodal pore size distribution, and surface area in Davankov–type hyper–cross–linked resins[J].Macromolecules, 2006, 39（2）: 627–632.

[89]Tsyurupa M P, Davankov V A.Hypercrosslinked polymers: basic principle of preparing the new class of polymeric materials[J].Reactive and Functional Polymers, 2002, 53（2–3）: 193–203.

[90]Wood C D, Tan B, Trewin A, et al.Hydrogen storage in microporous hypercrosslinked organic polymer networks[J].Chemistry of materials, 2007, 19（8）: 2034–2048.

[91]Chaikittisilp W, Kubo M, Moteki T, et al.Porous siloxane–organic hybrid with ultrahigh surface area through simultaneous polymerization–destruction of functionalized cubic siloxane cages[J].Journal of the American Chemical Society, 2011, 133（35）: 13832–13835.

[92] Li B, Gong R, Wang W, et al.A new strategy to microporous polymers: knitting rigid aromatic building blocks by external cross–linker[J].Macromolecules, 2011, 44（8）: 2410–2414.

[93]Bagi S, Yuan S, Rojas–Buzo S, et al.A continuous flow chemistry approach for the ultrafast and low–cost synthesis of MOF–808[J].Green Chemistry,

2021, 23（24）: 9982–9991.

[94]Dalapati S, Jin S, Gao J, et al.An azine-linked covalent organic framework[J].Journal of the American Chemical Society, 2013, 135（46）: 17310–17313.

[95]Özdemir E, Thirion D, Yavuz C T.Covalent organic polymer framework with C－C bonds as a fluorescent probe for selective iron detection[J].RSC advances, 2015, 5（84）: 69010–69015.

[96]Shinde D B, Ostwal M, Wang X, et al.Chlorine-functionalized keto-enamine-based covalent organic frameworks for CO_2 separation and capture[J]. CrystEngComm, 2018, 20（47）: 7621–7625.

[97]Ding S Y, Gao J, Wang Q, et al.Construction of covalent organic framework for catalysis: Pd/COF–LZU1 in Suzuki－Miyaura coupling reaction[J]. Journal of the American Chemical Society, 2011, 133（49）: 19816–19822.

[98]Cao Q, Zhang S, Zhang L, et al.Unprecedented application of covalent organic frameworks for polymerization catalysis: Rh/TPB–DMTP–COF in polymerization of phenylacetylene and its functional derivatives[J].ACS Applied Materials & Interfaces, 2021, 13（11）: 13693–13704.

[99]Jickells T D, AnZ S, Andersen K K, et al.Global iron connections between desertdust, ocean biogeochemistry, and climate[J].Science, 2005, 308（5718）: 67–71.

[100]Cai C H, Wang H L, Man R J. Monitoring of Fe（Ⅱ）ions in living cells using anovel quinoline-derived fluorescent probe[J].Spectrochimica Acta Part A–Molecularand Biomolecular Spectroscopy, 2021, 255（0）: 1–6.

[101]Du F, Cheng Z, Tan W, et al. Development of sulfur doped carbon quantum dotsfor highly selective and sensitive fluorescent detection of Fe^{2+} and Feions in oralferrous gluconate samples[J]. Spectrochimica Acta Part A–Molecular and Biomolecular Spectroscopy, 2020, 226: 1–8.

[102]Wang T T, Liu J Y, An J D, et al.Hydrothermal synthesis of two-dimensional cadmium（Ⅱ）micro-porous coordination material based on Bi-functional building block and its application in highly sensitive detection of Fe^{3+} and

$Cr_2O_7^{2-}$[J]. Spectrochimica Acta Part A: Molecular and Biomolecular Spectroscopy, 2021, 254: 119655.

[103]Zhang J, Xiang Q, Qiu Q, et al.Naphthalene/anthracene chromophore-based W/S/Cu cluster-organic frameworks with adjustable Fe^{3+} sensing properties[J]. Journal of Solid State Chemistry, 2021, 298 (0): 1-8.

[104]Yang Y, Wang T, Jing X, et al.Phosphine-based porous aromatic frameworks for gold nanoparticle immobilization with superior catalytic activities[J]. Journal of materials chemistry A, 2019, 7 (16): 10004-10009.

[105]Yu S Y, Mahmood J, Noh H J, et al.Direct synthesis of a covalent triazine-based framework from aromatic amides[J].Angewandte Chemie International Edition, 2018, 57 (28): 8438-8442.

[106]Dawson R, Laybourn A, Khimyak Y Z, et al.High surface area conjugated microporous polymers: the importance of reaction solvent choice[J]. Macromolecules, 2010, 43 (20): 8524-8530.

[107]Tan Z, Su H, Guo Y, et al.Ferrocene-based conjugated microporous polymers derived from yamamoto coupling for gas storage and dye removal[J]. Polymers, 2020, 12 (3): 719.

[108]Mu P, Sun H, Zhu Z, et al.Synthesis and Properties of Nitrogen-Containing Conjugated Microporous Polymers[J].Macromolecular Materials and Engineering, 2016, 301 (4): 451-456.

[109]Zang J, Zhu Z, Mu P, et al.Synthesis and properties of conjugated microporous polymers bearing pyrazine moieties with macroscopically porous 3D networks structures[J].Macromolecular Materials and Engineering, 2016, 301 (9): 1104-1110.

[110]Yang R X, Wang T T, Deng W Q.Extraordinary capability for water treatment achieved by a perfluorous conjugated microporous polymer[J].Scientific Reports, 2015, 5 (1): 10155.

[111]Liu M, Huang Q, Wang S, et al.Crystalline covalent triazine frameworks by in situ oxidation of alcohols to aldehyde monomers[J].Angewandte Chemie International Edition, 2018, 57 (37): 11968-11972.

[112]Li Z, Yang Y W. Macrocycle-based porous organic polymers for separation, sensing, and catalysis[J].Advanced Materials, 2022, 34（6）: 2107401.

[113]Talapaneni S N, Kim D, Barin G, et al.Pillar [5] arene based conjugated microporous polymers for propane/methane separation through host-guest complexation[J].Chemistry of Materials, 2016, 28（12）: 4460-4466.

[114]Li X, Li Z, Yang Y W.Tetraphenylethylene-interweaving conjugated macrocycle polymer materials as two-photon fluorescence sensors for metal ions and organic molecules[J].Advanced Materials, 2018, 30（20）: 1800177.

[115]Dai D, Yang J, Zou Y C, et al.Macrocyclic arenes-based conjugated macrocycle polymers for highly selective CO_2 capture and iodine adsorption[J]. Angewandte Chemie, 2021, 133（16）: 9049-9057.

[116]Shi B, Guan H, Shangguan L, et al. A pillar [5] arene-based 3D network polymer for rapid removal of organic micropollutants from water[J].Journal of materials chemistry A, 2017, 5（46）: 24217-24222.

[117]Lan S, Zhan S, Ding J, et al.Pillar [n] arene-based porous polymers for rapid pollutant removal from water[J].Journal of materials chemistry A,2017,5（6）: 2514-2518.

[118]Lan S, Ling L, Wang S, et al.Pillar [5] arene-integrated three-dimensional framework polymers for macrocycle-induced size-selective catalysis[J]. ACS Applied Materials & Interfaces, 2022, 14（3）: 4197-4203.

[119]宋昆鹏.微孔聚合物及微孔碳材料负载金属催化剂在催化及电催化中的应用研究[D].华中科技大学, 2016.